OPEL — SO WIRD ER SCHNELLER

ASCONA
MANTA
KADETT
GT

MITTEL UND MÖGLICHKEITEN ZUR LEISTUNGSSTEIGERUNG

GERT HACK

SO WIRD ER SCHNELLER

Einband: Siegfried Horn unter Verwendung eines Fotos von H. P. Seufert.
Abbildungen und Diagramme:
Bilstein (3), Bosch (2), Hack (57), Indianapolis (1), Irmscher (8), Opel (47), Recaro (2), Scheel (2), Seufert (8), Steinmetz (4), ZF (1).

ISBN 3-87943-235-X

1. Auflage 1972

Gesamtherstellung: Robert Bardtenschlager, Buchdruckerei, Reutlingen, Inh. Julius Kern.
Printed in Germany.

INHALT

DUNLOP
42
Steinmetz-Opel
BOSCH

WAS IST EIGENTLICH TUNING?

Diese Frage erscheint zunächst überflüssig, denn wenn Sie sich für dieses Buch entschieden haben, sollte man eigentlich annehmen, daß Ihnen das Wort „Tuning“ ein geläufiger Begriff ist. Dennoch bedarf es einiger Worte der Erläuterung. Die Engländer bezeichnen mit Tuning das Schnellermachen von Automobilen, wofür wir in Deutschland oft den Ausdruck Frisieren gebrauchen. Wörtlich übersetzt bedeutet „tuning“ als Verb jedoch stimmen bzw. abstimmen und war zunächst sicher nicht auf Automobile gemünzt. Aber genauso sollte man es auffassen. Alles am Auto soll aufeinander abgestimmt sein, muß zueinander passen. Es ist nicht gut, irgendein Teil, wie z. B. den Motor, weitgehend zu verändern, ohne das Fahrwerk – je nach Bedarf – miteinzubeziehen. Echtes Tuning umfaßt das Automobil als Ganzes, die Karosserie und das Fahrwerk ebenso wie den Motor und das Getriebe. Darum befaßt sich dieses Buch nicht nur mit den zusätzlichen PS, die man in den Motor packen möchte, sondern auch mit den daraus resultierenden Folgen.

Als zweite Frage wäre zu klären, warum man sich überhaupt der mühevollen Arbeit unterzieht und sein Auto mit mehr oder weniger großem finanziellem Aufwand zu beschleunigter Gangart bewegt. Ist es nicht sinnvoller, gleich ein größeres oder stärkeres Modell zu kaufen, das die gleichen Leistungen bereits serienmäßig erreicht? Dieses Argument zählt in den Augen von Enthusiasten gering. Denn ein frisiertes, bzw. getuntes Auto besitzt ganz besondere Reize, die ein Serienauto in den seltensten Fällen bieten kann und die in Mark und Pfennig nicht zu erfassen sind. Abgesehen von der Möglichkeit, daß man mit einem solchen Auto den Seriengeschwistern und oft auch der hubraumstärkeren Konkurrenz auf und davon fahren kann, kommt ein Tuning dem im Zeitalter der Massenproduktion immer stärker zutagetretenden Wunsch nach dem individuellen Auto am meisten entgegen.

EINE ART VORSTELLUNG

Als man bei Opel Anfang der 60er Jahre den Kadett A herausbrachte, dachte man zunächst nur an ein einfaches und preiswertes Transportmittel. Doch schon bald stellte sich heraus, daß breite Käuferschichten den Wunsch nach einem anspruchsvolleren und leistungsfähigeren Kadett hatten. Die Kadett B-Serie trug diesem Wunsch Rechnung. Neben dem Standard-Typ mit 45 PS gab es den S-Typ mit 55 PS und den Rallye-Kadett mit 60 PS. Mittlerweile gibt es nur noch zwei kleine Kadett-Modelle: den 1100er mit 50 PS und den neuen 1200er mit 60 PS. Als Krönung sozusagen packte Opel schließlich den 1,9 Liter S-Motor (früher nur im Rekord) in den Rallye-Kadett, der diesem kleinen und leichten Auto zu sportwagenmäßigen Fahrleistungen verhilft.
Auf der Basis des Kadett wurde auch der Opel GT entwickelt, der als reiner zweisitziger Sportwagen konzipiert ist. Auf Grund seiner flachen und strömungsgünstigen Karosserie und seines relativ geringen Gewichtes erreicht der GT mit dem gleichen 1,9 Liter 90 PS-Motor noch wesentlich bessere Fahrleistungen, als der entsprechende Kadett.
Als Weiterentwicklung der Kadett-Baureihe kann man die Typen Manta und Ascona betrachten, die 1970/71 auf den Markt kamen. Beide Typen basieren auf den gleichen Bauelementen und unterscheiden sich lediglich in der Karosserieform. Der Manta vertritt die sportliche Coupé-Linie während der Ascona als Limousine konzipiert ist. Auf Grund seiner günstigeren Form erreicht der Manta höhere Endgeschwindigkeiten bei gleicher Leistung als der Ascona. Für Manta und Ascona stehen vier Motoren zur Wahl: 1200/60 PS, 1600/68 PS, 1600/80 PS und 1900/90 PS.
Die genannten Opel-Typen (Kadett, GT, Ascona, Manta) eignen sich alle sehr gut für eine nachträgliche Leistungssteigerung. Da diese Modelle außerdem technisch eng miteinander verwandt sind (gleiche Getriebe, gleiche Motoren, gleichartige Radaufhängung), war es naheliegend, die Tuningmöglichkeiten für diese Opel-Typen zusammenzufassen. In den folgenden Tabellen sind die für die erreichbaren Fahrleistungen wichtigen Daten und die Fahrleistungen selbst (der Serienmodelle) aufgeführt. In einem Diagramm (Seite 10) ist außerdem der Leistungsbedarf bei verschiedenen Geschwindigkeiten zwischen 110 und 210 km/h dargestellt, unter Berücksichtigung eines mittleren Rollwiderstandes. Man kann also aus diesem Diagramm die zum Erzielen einer bestimmten Geschwindigkeit notwendige Leistung ablesen.

Eng miteinander verwandt sind die Opel-Typen Ascona und Manta, die sich nur in der Karosserieform unterscheiden. Während der Ascona als viersitzige Limousine konzipiert ist, konnte der als Coupé mit 2+2 Sitzen gedachte Manta niedriger und strömungsgünstiger gestaltet werden. Der als kompromißloser Zweisitzer konstruierte Opel-GT ist in dieser Hinsicht noch konsequenter gebaut: zugunsten einer flachen Haube und besserer Gewichtsverteilung sitzt der Motor hinter der Vorderachse.

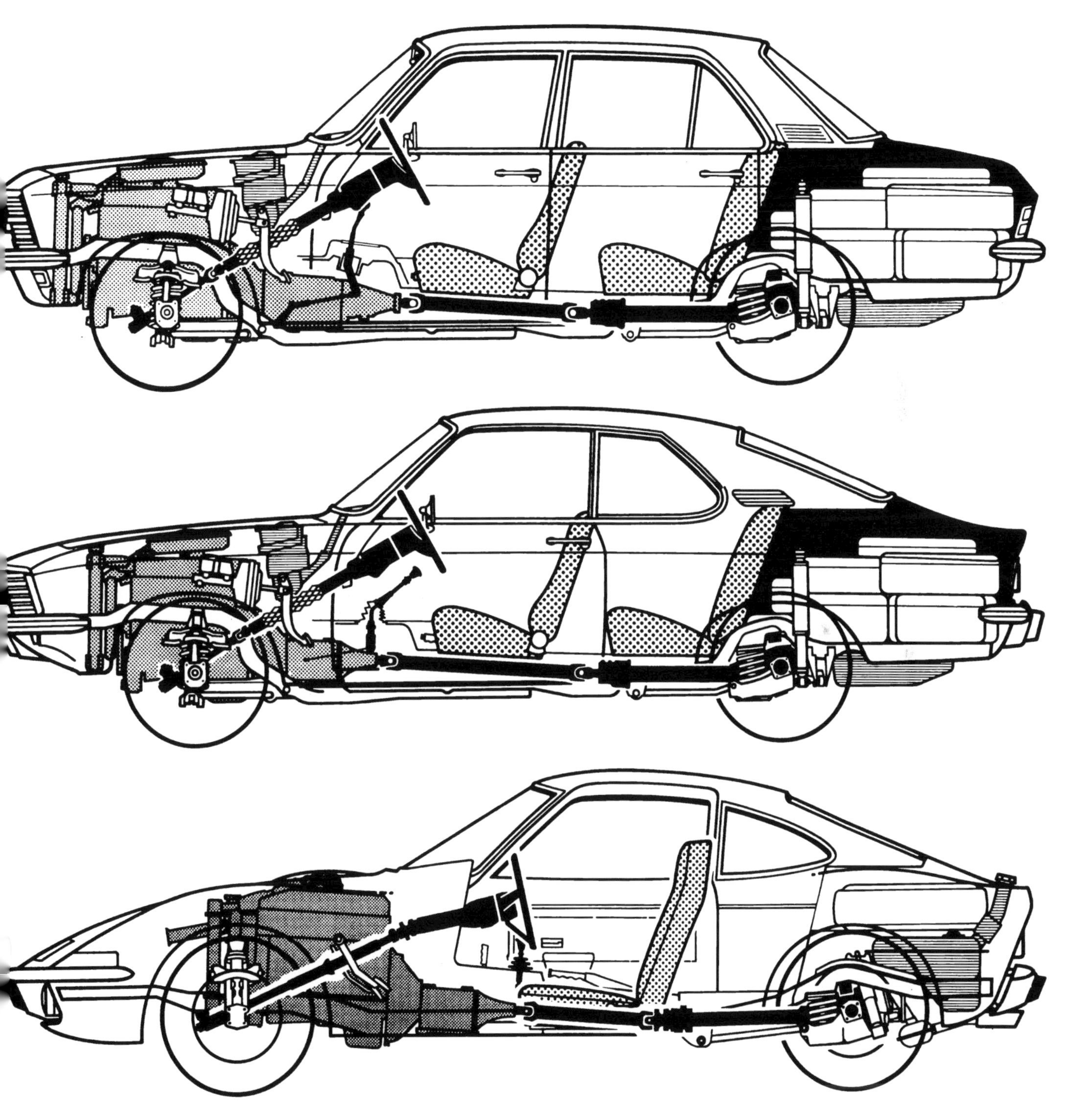

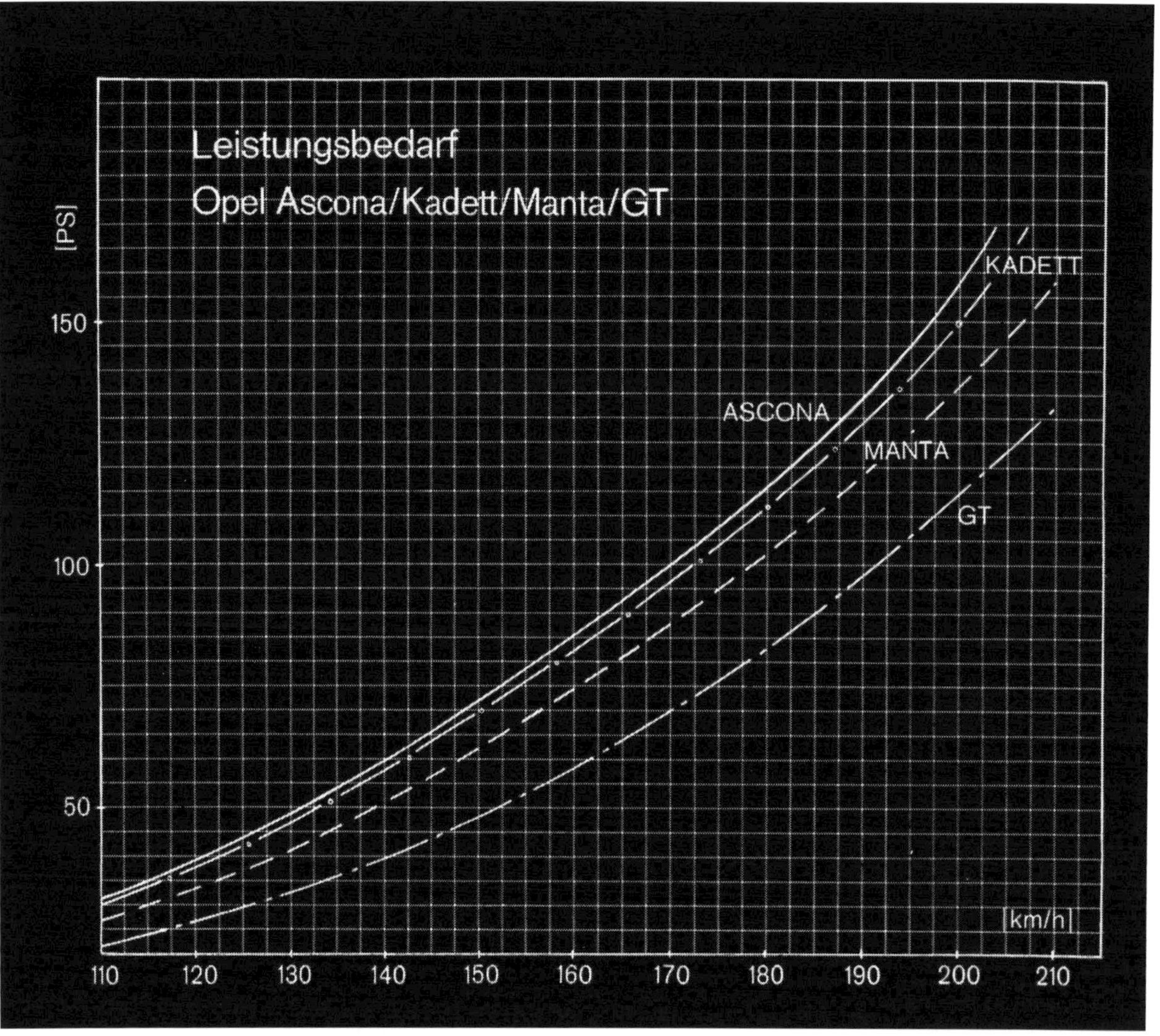

Um eine bestimmte Geschwindigkeit zu erreichen, muß jedes Automobil eine entsprechende Leistung aufbringen. Dieser Leistungsbedarf ist je nach Automobiltyp verschieden und in erster Linie vom Luftwiderstand und Rollwiderstand abhängig. In diesem Diagramm ist der Leistungsbedarf für die Opel-Typen Ascona, Manta, Kadett und GT für einen Geschwindigkeitsbereich von 110 bis 210 km/h aufgetragen. Man erkennt deutlich, daß der strömungsgünstige und kleine GT wesentlich weniger PS aufwenden muß, als das im Luftwiderstand schlechteste Auto dieser Typenreihe, der Ascona. Geringe Abweichungen können sich aus unterschiedlichen Rollwiderständen (abhängig von Reifenbreite, Luftdruck, Belastung) und kleineren Karosseriemodifikationen ergeben. Dennoch liefern die Kurven recht exakte Anhaltswerte. Beispiel: Um eine Geschwindigkeit von 180 km/h zu erreichen, benötigt der GT 83 PS, der Manta 103 PS, der Kadett 112 PS und der Ascona 116 PS.

		Kadett 1100/50 PS	Kadett 1200/60 PS	Rallye-Kadett* 1900/90 PS	GT/GTJ 1900/90 PS
Hubraum	ccm	1078	1196	1897	1897
Leistung	PS	50	60	90	90
Gewicht (vollgetankt)	kp	770	780	890	940
Leistungsgewicht	kp/PS	14,0	13,0	9,9	10,4
Beschleunigung	sec				
0 bis 60 km/h	sec	7,2	6,0	4,9	4,9
0 bis 80 km/h	sec	12,5	10,1	7,9	7,6
0 bis 100 km/h	sec	19,9	15,9	11,9	11,0
0 bis 120 km/h	sec	38,9	27,5	17,4	15,9
0 bis 140 km/h	sec	–	–	27,0	22,6
1 km mit stehendem Start	sec	39,8	37,5	32,9	32,2
Höchstgeschwindigkeit	km/h	135	145	165	186

* Coupé

Motor

Opel verwendet in den Modellen Manta, Ascona, GT/GTJ und Rallye-Kadett 1900 den gleichen modernen Vierzylindermotor, der auch beim Rekord in verschiedenen Leistungs- und Hubraumstufen zu finden ist. Die auf nicht allzu hohe Literleistung ausgelegte Maschine bietet gute Voraussetzungen für nachträgliche Leistungssteigerungen und besitzt hinsichtlich der Belastbarkeit große Reserven. Als wesentliche Basis hierfür kann man die gut dimensionierte, fünffach gelagerte Kurbelwelle betrachten, die nach Art des Hauses mit knapp 70 mm Hub recht kurzhubig ausgelegt wurde, und die in einem stabilen, wassergekühlten Graugußblock gut aufgehoben ist. Die im Zylinderkopf liegende Nockenwelle betätigt zwar über Kipphebel und Stößel die parallel hängenden Ventile, erfüllt aber dennoch alle Kriterien eines ohc-Ventiltriebes (obenliegende Nockenwelle). Auslaß und Einlaß liegen wie üblich bei Opel auf einer Seite, was sich allerdings erst bei höheren Literleistungen (über 70 PS/Liter) nachteilig bemerkbar macht. Speziell für hohe Literleistungen hat Opel einen eigenen Cross-Flow-Zylinderkopf entwickelt, auf den wir noch ausführlich zu sprechen kommen.

Im Manta und Ascona wird der Motor in zwei

Der Leistungsunterschied zwischen dem 1100er und 1200er Kadett-Motor ist in erster Linie das Resultat der Hubraumdifferenz. Aber auch das höhere Verdichtungsverhältnis des 1200er Motors macht sich bemerkbar. Mit einem Doppelvergaser lassen sich beide Motoren relativ einfach entdrosseln.

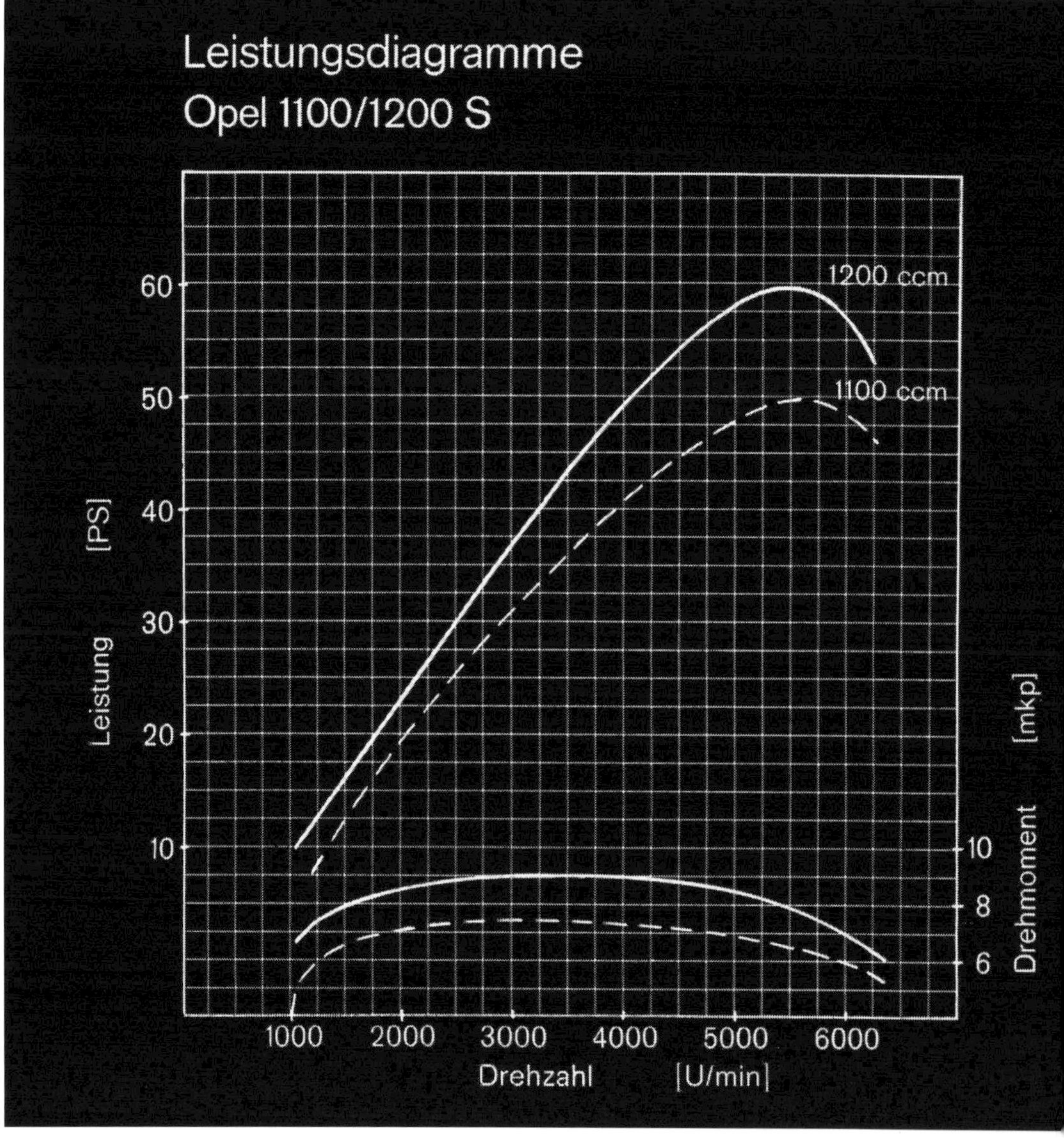

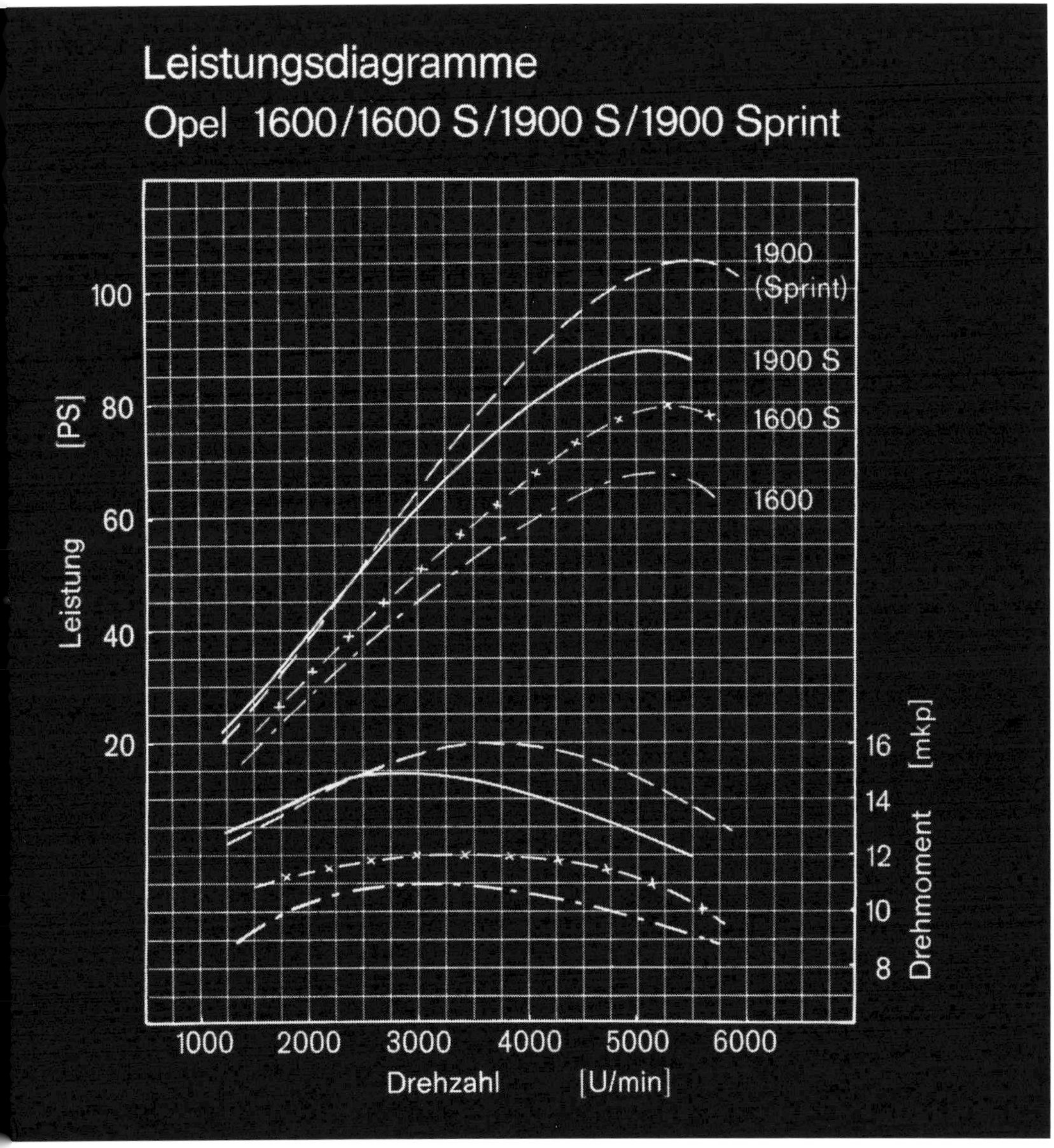

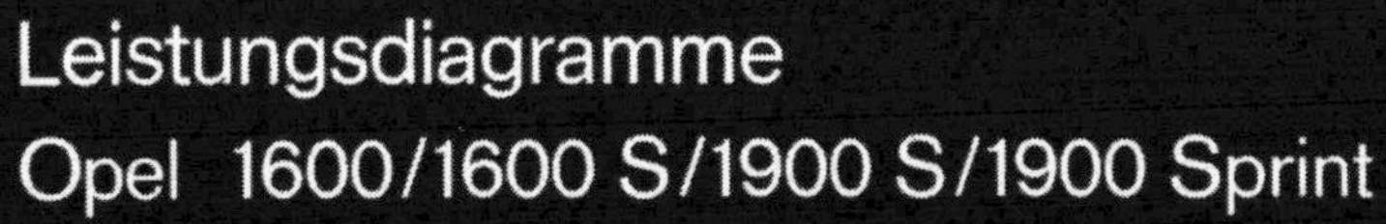

In diesem Diagramm sind die Leistungs- und Drehmomentkurven der großen Opel-Vierzylindermotoren aufgezeichnet. Alle Motoren sind auf guten Durchzug im unteren Drehzahlbereich ausgelegt und zeigen bei höherer Drehzahl starken Leistungsabfall. Die Mehrleistung des Sprint-Motors resultiert hauptsächlich aus der besseren Füllung durch zwei Doppelvergaser und aus dem höheren Verdichtungsverhältnis.

		Ascona (Manta) * 1600	Ascona (Manta) 1600 S	Ascona 1900 S	Manta 1900 S
Hubraum	ccm	1584	1584	1897	1897
Leistung	PS	68	80	90	90
Gewicht (vollgetankt)	kp	930 (950)	960	965	970
Leistungsgewicht	kp/PS	13,6 (14,0)	12,0	10,7	10,8
Beschleunigung	sec				
0 bis 60 km/h	sec	6,3	6,1	5,0	5,2
0 bis 80 km/h	sec	9,9	9,5	8,1	8,2
0 bis 100 km/h	sec	16,0	14,5	12,4	12,6
0 bis 120 km/h	sec	25,8	22,5	18,8	18,4
0 bis 140 km/h	sec	44,0	38,9	31,4	27,0
1 km mit stehendem Start	sec	37,1	35,7	34,4	33,8
Höchstgeschwindigkeit	km/h	145 (154)	156 (164)	160	171

* Klammerwerte für Manta

Hubraumvarianten mit 1600 und 1900 ccm geliefert, wobei drei Leistungsstufen (68, 80 und 90 PS) erhältlich sind. Im Kadett (Rallye-Kadett) ist dieser Motor nur als 1,9 Liter mit 90 PS lieferbar. Die ursprünglich nur für den Rekord Sprint vorgesehene Hochleistungsausführung mit 106 PS kann jedoch ohne weiteres über Tuning-Firmen bezogen werden.

Die Leistungsunterschiede dieser Motorenbaureihe beruhen in erster Linie auf unterschiedlichen Hubräumen. Weiterhin sind Verdichtungsverhältnis sowie die Vergasergröße und -anzahl von wesentlicher Bedeutung. So benutzt Opel bei der Normalausführung (68 PS) einen Einfachvergaser, bei den S-Ausführungen (80 und 90 PS) einen Registervergaser und bei der Sprint-Ausführung zwei Doppelvergaser zur Gemischaufbereitung. Von der Vergaserseite her bestehen also recht einfache Möglichkeiten, den Durchsatz und damit die Leistung zu steigern. In der folgenden Tabelle sind die wichtigsten Motordaten zu finden, der Leistungs- und Drehmomentverlauf der Serienmotoren geht aus den abgebildeten Diagrammen hervor.

Neben diesen „großen“ Vierzylindermotoren hat Opel für den Kadett noch eine „kleine“ Motorenbaureihe im Programm. Auch hier handelt es sich um wassergekühlte Reihenvierzylinder. Der ursprünglich auf 1000 ccm ausgelegte Motor wurde im Laufe der Entwicklung zunächst auf 1100 ccm vergrößert und neuerdings werden mit Hilfe eines geänderten Zylinderblockes sogar 1200 ccm realisiert. Von Anfang an erwies sich der kleine Vierzylinder als recht lebendiges und leistungsfähiges Triebwerk, wenn auch seine Literleistung auf Grund der nur dreifach gelagerten Kurbelwelle und des einfachen Zylinderkopfes mit nur je einem Einlaß für zwei Zylinder Grenzen gesetzt sind. Dabei kommt ihm die gute Drehfähigkeit des Ventiltriebes zustatten, der trotz untenliegender Nockenwelle (ohv) mühelos Drehzahlen von 7000 U/min und darüber erlaubt. Auch von der Vergaserseite bestehen gute Möglichkeiten die Leistung zu erhöhen, da sämtliche zur Zeit gebauten Motoren von nur einem, relativ klein bemessenen Vergaser gespeist werden. Der früher im Rallye-Kadett eingebaute SR-Motor, der sein Gemisch aus zwei Solex-Fallstromvergasern bezog, ist nicht mehr im Programm. In der folgenden Tabelle sind die wichtigsten Daten verschiedener Versionen des „kleinen“ Vierzylinders zu finden, wobei zu beachten ist, daß nur noch der 1,1 Liter mit 50 PS und der 1,2 Liter mit 60 PS in der Serie sind. Leistungs- und Drehmomentverlauf gehen aus den abgebildeten Diagrammen hervor.

Fahrwerk und Kraftübertragung

In ihrer Grundkonzeption sind die Fahrwerke der Modellreihen Kadett, GT, Ascona und Manta gleich, wobei sich Opel vorne für Einzelradaufhängung an Querlenkern und hinten für eine schraubengefederte, geführte Starrachse entschieden hat. In der Ausführung bestehen jedoch zwischen den Modellreihen Kadett/GT und Ascona/Manta wichtige Unterschiede, wobei der weiterentwickelten Radaufhängung der Modellreihe Ascona/Manta das bessere Zeugnis ausgestellt werden muß.

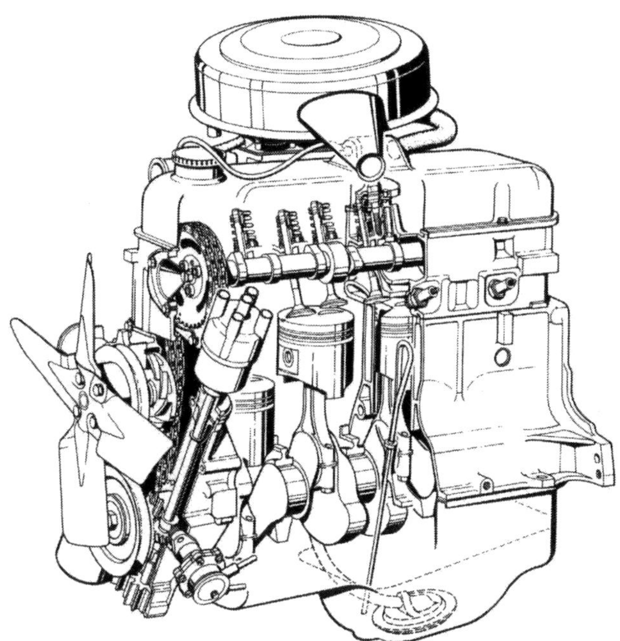

Zweifellos zählt der Opel-Vierzylindermotor der großen Modellreihe (1500 bis 1900 cm^3) zu den modernen Vertretern seiner Gattung. Mit seiner fünffach gelagerten Kurbelwelle und der im Zylinderkopf liegenden Nockenwelle (ohc) bietet er gute Voraussetzungen für eine nachträgliche Leistungssteigerung. Auslaß und Einlaß befinden sich auf einer Seite, was sich jedoch bis zu Literleistungen von ca. 70 PS/Liter nicht störend auswirkt. Für höhere Literleistungen steht ein Cross-Flow-Zylinderkopf zur Verfügung.

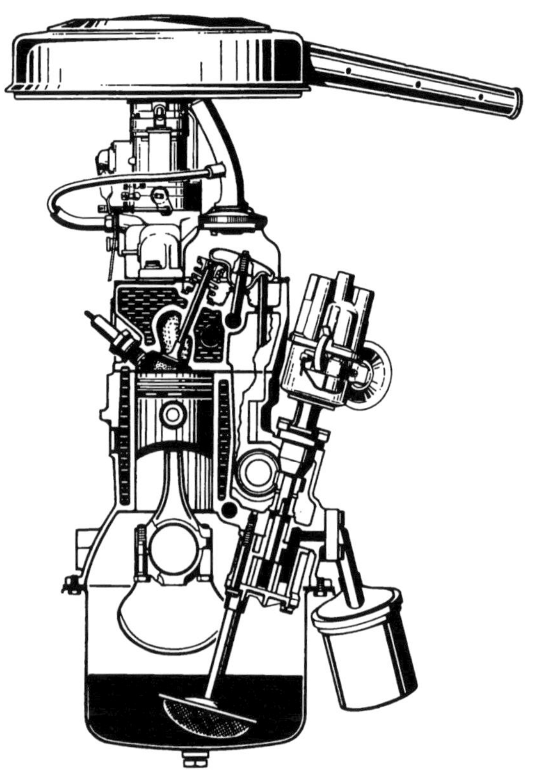

Als besonders drehfreudig erwies sich schon immer der »kleine« Opel-Vierzylindermotor der Kadett-Baureihe. Trotz untenliegender Nockenwelle werden respektable Drehzahlen (7000 U/min) ohne Schwierigkeiten erreicht, was auf einen steifen und relativ leichten Ventiltrieb schließen läßt. Da für zwei Zylinder nur jeweils ein Einlaß zur Verfügung steht und wegen der nur dreifachen Kurbelwellenlagerung ist jedoch die Leistungsausbeute begrenzt. Maximal lassen sich ca. 80 PS/Liter realisieren.

Die Vorderräder der Modelle Kadett/GT sind an zwei Querlenkern aufgehängt, die Federung erfolgt über eine querliegende Blattfeder. Die als Weitspaltfeder ausgeführte Blattfeder arbeitet jedoch nahezu frei von Eigenreibung und übernimmt keinerlei Radführungsfunktionen. In der Dimensionierung sind die Federn entsprechend der unterschiedlichen Achslasten der diversen Modelle (Kadett 1100/1200, Rallye-Kadett 1900, GT 1900) verschieden.

		1,6 Liter 68 PS	1,6 Liter S 80 PS	1,9 Liter S 90 PS	1,9 Liter H 106 PS
Hubraum	ccm	1584	1584	1897	1897
Leistung	PS/U/min	68/5200	80/5200	90/5100	106/5600
max. Drehmoment	mkp/U/min	11,0/3400	12,0/3800	14,9/2500	16,0/3500
Bohrung x Hub	mm	85 x 69,8	85 x 69,8	93 x 69,8	93 x 69,8
Verdichtungsverhältnis		8,2:1	9,5:1	9,0:1	9,5:1
Literleistung	PS/Liter	43	50,5	47,5	55,8
Vergaser	Solex	35 PDSI	32 DIDTA-4	32 DIDTA-4	2 Weber 40 DFO
Einlaßventil	mm ⌀	38	38	40	40
Auslaßventil	mm ⌀	34	34	34	34

Die Hinterachse der Kadett/GT-Baureihe ist als Zentralgelenkachse mit zwei Längslenkern und einem querliegenden Panhardstab ausgeführt. Anfahr- und Bremsmomente werden bei dieser Art der Radaufhängung über die T-förmig nach vorne ragende „Deichsel" der Starrachse im Zentralgelenk abgestützt, während Schubkräfte und Querkräfte durch die Längslenker und den Panhardstab übernommen werden. Zwei Schraubenfedern stützen die Achse am Aufbau ab, die beim GT zwecks Verbesserung der Fahreigenschaften progressiv ausgelegt sind. Vorn und hinten übernehmen schrägstehende Teleskopstoßdämpfer die Dämpfung der Achsbewegung, wobei der GT hinten serienmäßig Gasdruckstoßdämpfer aufweisen kann.

Auf Wunsch sind für alle Kadett/GT-Modelle vorne und hinten Querstabilisatoren lieferbar, beim Rallye-Kadett sind sie sogar serienmäßig. Querstabilisatoren sind bei sportlicher Fahrweise unbedingt zu empfehlen.

Das Fahrwerk der Ascona/Manta-Modelle ist, wie gesagt, dem Fahrwerk der Kadett/GT-Baureihe sehr ähnlich, jedoch mit wichtigen Detailunterschieden. Vorne übernehmen zwei Schraubenfedern die Abfederung, der untere Querlenker ist über einen als Zugstrebe wirkenden Stabilisator wirksamer abgestützt. Hierdurch ergibt sich eine exaktere Radführung und ein leichteres Ansprechen der Federung. Beide Querlenker sind außerdem in ihren Drehachsen zueinander verschränkt, was einen vorteilhaften Bremsnickausgleich (Anti-Dive) schafft.

Die Hinterachse des Ascona/Manta verfügt serienmäßig über progressiv wirkende Schraubenfedern, die besseres Fahrverhalten und höheren Komfort versprechen. Die Stoßdämpfer sind, um möglichst große Dämpferwege zu erzielen, in

		1,1 Liter 50 PS	1,1 Liter S 55 PS	1,1 Liter SR * 60 PS	1,2 Liter S 60 PS
Hubraum	ccm	1078	1078	1078	1196
Leistung	PS/U/min	50/5600	55/5400	60/5200	60/5400
max. Drehmoment	mkp/U/min	7,4/2400	8,3/2400	8,5/3800	9,0/3000
Bohrung x Hub	mm	75 x 61	75 x 61	75 x 61	79 x 61
Verdichtungsverhältnis		7,8	9,2	9,2	9,0
Literleistung	PS/Liter	46,4	51,0	55,6	50,2
Vergaser	Solex	35 PDSI	35 PDSI-2	2 x 35 PDSI-2	35 PDSI-2
Einlaßventil	mm ⌀	32	32	32	32
Auslaßventil	mm ⌀	27	27	27	27

* nicht mehr in Produktion

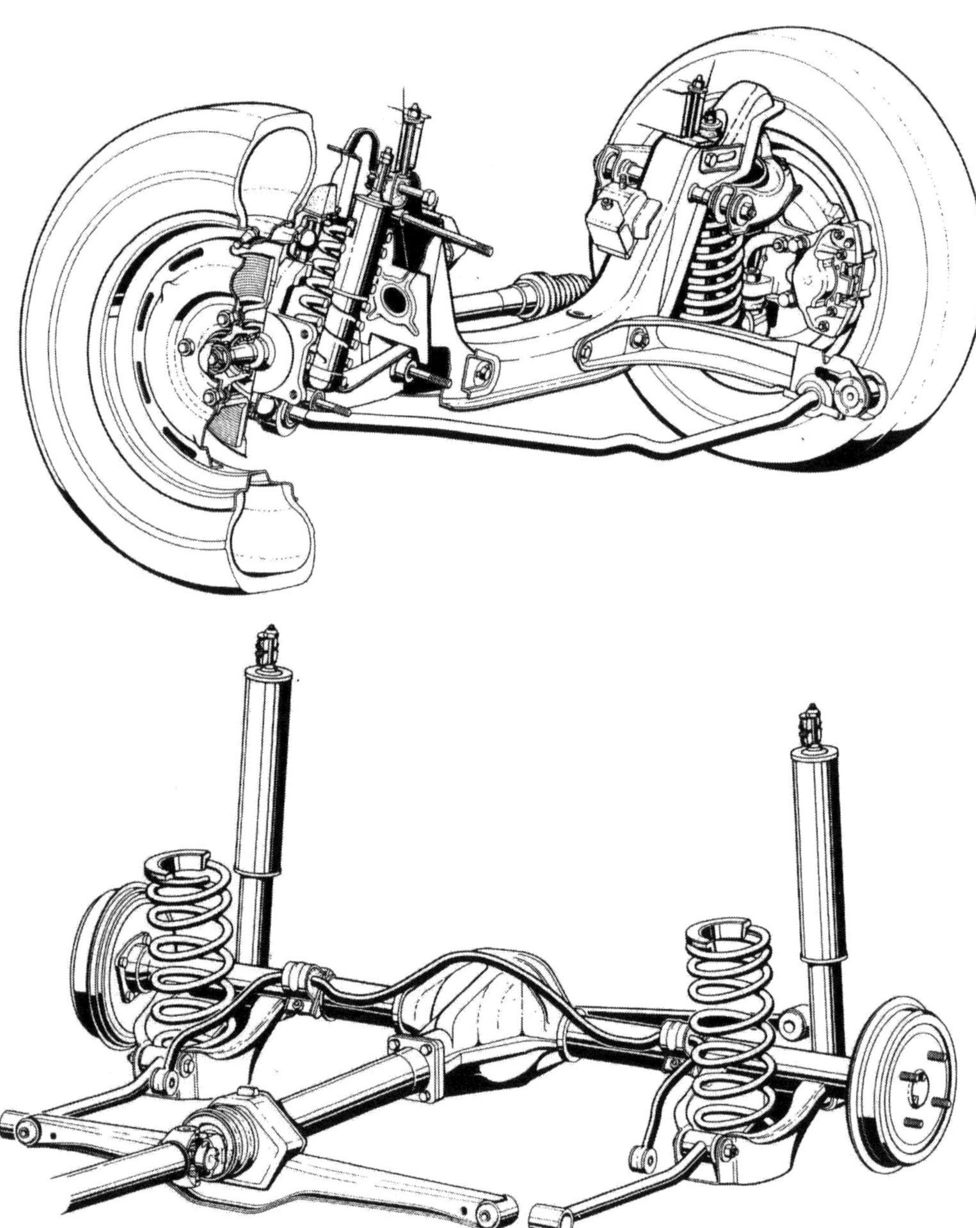

Zwei Querlenker und ein als Zugstrebe wirkender Stabilisator führen die Vorderräder der Ascona/Manta-Modelle. Schraubenfedern mit innenliegenden Teleskopstoßdämpfern übernehmen Federung und Dämpfung. Die Räder haben serienmäßig negativen Sturz (oben). Auch die starre Hinterachse des Ascona/Manta ist exakt geführt. Das vordere Zentralgelenk nimmt Brems- und Beschleunigungskräfte auf, zwei Längslenker und ein Panhardstab übernehmen die Führung der Achse. Hinten ist ebenfalls ein Stabilisator serienmäßig vorhanden. Großvolumige und nahezu senkrecht stehende Stoßdämpfer sorgen für eine gute Dämpfung.

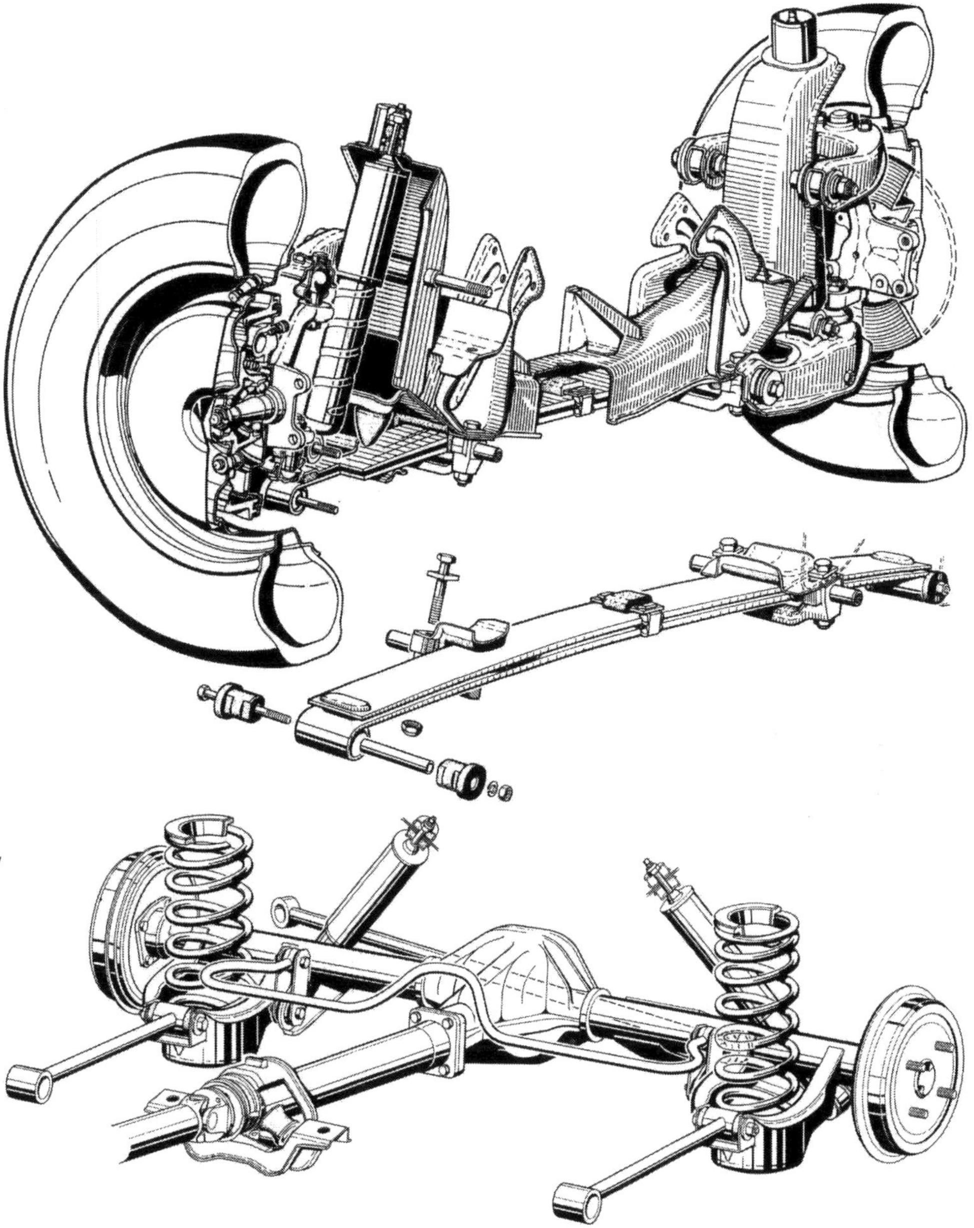

Die Vorderachse der Kadett- und GT-Modelle wird durch eine nahezu reibungsfrei arbeitende Querblattfeder abgefedert, die Achsführung erfolgt durch jeweils zwei Querlenker. Die Hinterachse unterscheidet sich von der weiterentwickelten Ascona/Manta-Hinterachse durch ziemlich schräg stehende Stoßdämpfer (wodurch Stoßdämpferweg verlorengeht) und durch einen kürzeren Panhardstab (was zu stärkeren Auslenkungen führt). Ein Stabilisator ist auf Wunsch lieferbar – im Rallye-Kadett serienmäßig.

größter Radnähe sowie nahezu senkrecht montiert. Ebenso wie vorne, zählt auch an der Hinterachse ein Querstabilisator zur Serienausstattung. Insgesamt bietet das Fahrwerk des Ascona/Manta bei verbesserten Fahreigenschaften höheren Federungskomfort und eine günstigere Ausgangsbasis für Fahrwerksverbesserungen, die ohne großen Aufwand durchführbar sind.

In der Bremsanlage unterscheiden sich die Modelle Rallye-Kadett 1900/GT 1900 bzw. GT/J sowie Manta/Ascona nicht. Alle Modelle verfügen über ein Zweikreisbremssystem mit Scheibenbremsen vorne und Trommelbremsen hinten, ein Unterdruckbremskraftverstärker zählt zur Serienausrüstung. Im „kleinen" Kadett (1100/1200) ist im Prinzip die gleiche Bremsanlage zu finden, allerdings mit geringerer Gesamtbremsfläche. Zwar ist der Kadett mit Trommelbremsen vorn und hinten aus Kostengründen immer noch nicht ausgestorben, doch sollte ein solches Auto keinesfalls zum Gegenstand einer Leistungssteigerung gemacht werden.

In der folgenden Tabelle sind die serienmäßig und auf Wunsch lieferbaren Felgen- und Reifengrößen aufgeführt, wobei jedoch ausschließlich Gürtelreifen (die für jeden Opel lieferbar sind) berücksichtigt wurden.

Die Bremsanlage der Opel-Modelle Ascona/Manta/Kadett/GT entspricht dem derzeitigen Stand der Technik und ist auch bei kleineren Leistungssteigerungen noch ausreichend. Bei größerem Leistungszuwachs sind die vorderen Bremsscheiben durch innenbelüftete zu ersetzen, die hinteren Trommelbremsen erhalten Spezialbeläge.

	Räder		Reifen	
	Serie	auf Wunsch	Serie	auf Wunsch
Kadett 1100	4,00 x 12	5 J x 13[1]	6,00-12	155-13
Kadett 1200	5 J x 13	–	155 SR-13[2]	–
Rallye-Kadett 1900	5 J x 13	–	155 SR-13	–
GT bzw. GT/J	5 J x 13	–	165 HR-13	–
Ascona/Manta	5 J x 13	$5^1/_2$ J x 13	165 S-13	185/70 SR-13
Ascona SR	$5^1/_2$ J x 13	–	165 SR-13	185/70 SR-13
Manta SR	$5^1/_2$ J x 13	–	185/70 SR-13	–

[1] Nur in Verbindung mit Scheibenbremsen
[2] Ausstattung Rallye-Kadett

Konventionell ist bei all diesen Opel-Modellen die Anordnung von Schaltgetriebe und Achsabtrieb. Ein an den Motor angeflanschtes Viergangetriebe leitet das Drehmoment über eine Kardanwelle auf die Hinterachse weiter. Der Achsantrieb ist mit der starren Hinterachse fest verbunden und zählt somit zu den ungefederten Massen der Hinterradaufhängung.

Entsprechend der unterschiedlichen Motorleistung gibt es zwei verschiedene Vierganggetriebe, einmal für die „kleine" Kadettreihe und dann für den Kadett 1,9, GT/GTJ, Manta und Ascona. Beide Vierganggetriebe sind für eine sportliche Fahrweise nicht optimal abgestuft (siehe auch Drehzahldiagramme auf den Seiten 94 und 95), jedoch sind günstigere Übersetzungen lieferbar. Auch die Achsantriebsübersetzungen sind je nach Motorleistung verschieden:

- Kadett 1100/1200 4,11:1
- Kadett 1900 3,67:1
- Ascona/Manta 1600 3,67:1
- Ascona/Manta 1900 3,44:1
- GT/GTJ 1900 3,44:1

Weitere Achsantriebsübersetzungen sind auf Wunsch lieferbar. Die Übersetzungsverhältnisse gehen aus den Drehzahldiagrammen auf den Seiten 96, 98 und 99 hervor.

In der SR-Ausstattung bietet Opel für die Ascona/Manta-Modelle bereits üppige Reifen- und Felgendimensionen ab Werk an. In Verbindung mit Sportfelgen $5^1/_2$ J x 13 sind Gürtelreifen der Größe 185/70 SR 13 lieferbar.

OPEL UND DER MOTORSPORT

Noch vor nicht wenigen Jahren schien eine Verbindung der Marke Opel mit dem Motorsport kaum denkbar. Opel-Automobile galten zwar als zuverlässig, waren jedoch keineswegs übertrieben schnell oder gar sportlich. Diese Situation hat sich in den letzten Jahren gründlich geändert. Opel entwickelte in zunehmendem Maße sportlich ausgelegte Serienautomobile, die nicht nur auf Grund ihrer Leistung, sondern auch wegen ihrer recht guten Fahreigenschaften für den Sporteinsatz geeignet sind. Und gerade die in diesem Buch beschriebenen Typen bieten beste Voraussetzungen, motorsportliche Ambitionen ihrer Besitzer zu verwirklichen.
Für den Rallyesport sind besonders folgende Typen geeignet:

Kadett 1100 Rallye, Kadett 1200 Rallye in Gruppe I und II.
Ascona/Manta 1600 S in Gruppe I.
Ascona/Manta/Kadett 1900 in Gruppe I und II.

Sowohl im Rennsport als auch im Rallyesport sind die kleinen Opel-Modelle (Ascona/Manta/Kadett/GT) bei konsequenter Vorbereitung ernstzunehmende Gegner und können eine ansehnliche Erfolgsliste vorweisen.

Für den Rennsport sind folgende Typen interessant:

Ascona/Manta/Kadett 1900 in Gruppe II.
GT/GTJ 1900 in Gruppe IV.

Die sportliche Aktivität der Kunden unterstützt Opel durch einen sogenannten Opel-Sportpokal, der erfolgreichen Opel-Fahrern mit nennenswerten Prämien unter die Arme greift. Für alle Sportangelegenheiten ist bei Opel die Abteilung Sportbetreuung zuständig, die sich auch um die Homologation der Fahrzeuge und deren Sonderzubehör kümmert. Adresse: ADAM OPEL AG, Abt. Sportbetreuung, 609 Rüsselsheim, Postfach. Es ist auch kein Geheimnis, daß einige erfolgreiche Opel-Typen, wie z. B. der Rallye-Kadett, auf Betreiben der Sportbetreuung entstanden sind.
Mit dem gleichen Eifer widmet man sich bei Opel der Entwicklung von Sonderzubehör, das die Tauglichkeit der genannten Opel-Automobile für den Sporteinsatz verbessern soll. So gehen zum Beispiel Spezialgetriebe mit enger Abstufung, Differentialsperren oder die Querstromzylinderköpfe unter anderem auf die Initiative der Opel-Sportbetreuung zurück, die diese Teile von einer Sonderabteilung bei Opel entwickeln ließ.
Wer also mit seinem Opel Wettbewerbe fahren möchte, ist nicht allein auf sich gestellt, sondern kann auf den Rat und die Unterstützung der Sportbetreuung zurückgreifen. Nicht zuletzt sind auch die bekannten Opel-Tuner Irmscher und Steinmetz dem sportlich orientierten Opel-Fahrer eine wertvolle Hilfe, da im umfangreichen Tuningprogramm beider Firmen neben den leistungsgesteigerten Straßenversionen auch zahlreiche Wettbewerbsversionen zu finden sind. Deren Anschaffung ist dann nur noch eine Preisfrage.

MOTOR-TUNING

Nachdem Sie nun Ihr Auto mit seinen wichtigsten Daten und Werten näher kennengelernt haben und auch wissen, was es sierenmäßig für Leistungen zu bieten hat, wollen wir uns zunächst mit der Leistungssteigerung des Motors beschäftigen, denn darum geht es ja in erster Linie. Um hier die grundsätzlichen Zusammenhänge einer Leistungssteigerung zu verstehen – ob sie nachträglich oder werkseitig in Serie vorgenommen wird, spielt hier keine Rolle – muß man sich über die Arbeitsweise eines Verbrennungsmotors und die Leistungserzeugung klar werden. Wir wollen uns hier aus Gründen der Einfachheit auf Viertakt-Hubkolbenmotoren beschränken, die im Automobilbau am meisten verbreitet sind.

Vier wichtige Takte

Bekanntlich verbrennt in dem oder den Zylindern eines Motors ein Kraftstoff-Luft-Gemisch ganz bestimmter Zusammensetzung – früher sagte man, es explodiert – und erzeugt dadurch einen Druck, der den (die) Kolben nach unten treibt und die mittels Pleuelstangen mit den Kolben verbundene Kurbelwelle in Bewegung setzt. Damit es dazu kommt, durchläuft ein Viertaktmotor vier verschiedene Arbeitsphasen:

1. Ansaugen der Frischgase
2. Verdichtungs- bzw. Kompressionshub
3. Zündung, Verbrennung u. Expansionshub
4. Ausstoßen der verbrannten Gase.

Es ist einleuchtend, daß die Kraft, die bei der Verbrennung auf die Kolben einwirkt, umso größer ist, je mehr Brennmaterial – also Kraftstoff-Luft-Gemisch – zur Verfügung steht und je hö-

Der serienmäßige 1,9-Liter-S-Motor wird von einem Solex-Registervergaser gespeist. Er leistet 90 PS bei 5100 U/min und ist damit bei weitem nicht am Ende seiner Möglichkeiten.

a

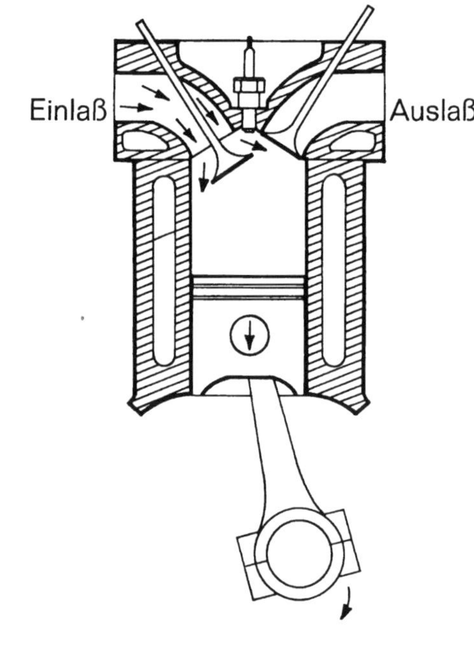

b

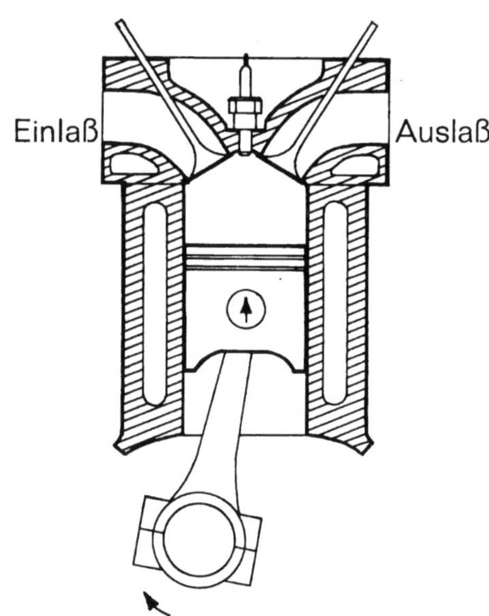

c

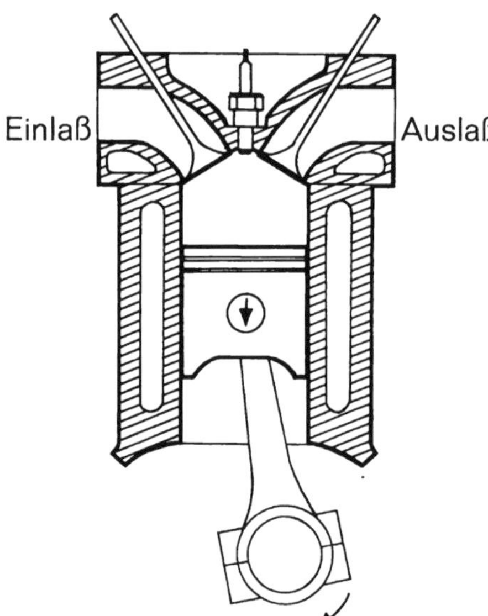

d

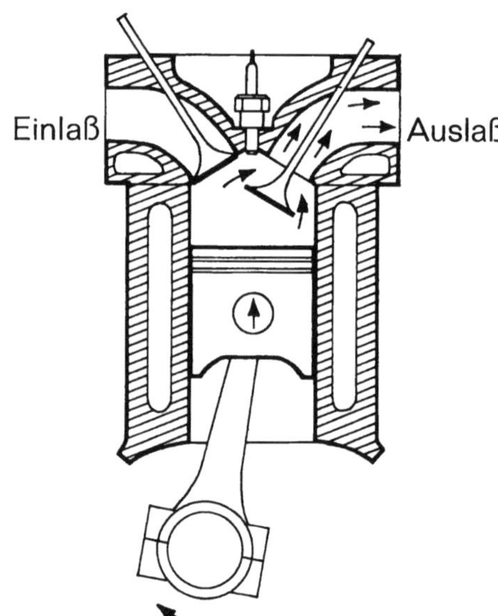

Das Arbeitsprinzip des Verbrennungsmotors wird aus diesen vier Skizzen deutlich:

a) Ansaugen des Frischgases (Einlaßventil geöffnet);
b) Verdichtung des Kraftstoff-Luftgemischs (beide Ventile geschlossen);
c) Zündung und Verbrennung des Gemischs (beide Ventile geschlossen);
d) Ausstoß der verbrannten Gase (Auslaßventil geöffnet).

her der dabei auftretende Druck ist. Die auf die Kolben wirkende Kraft und das an der Kurbelwelle auftretende Drehmoment stehen – ebenso wie die Leistung – in unmittelbarem Zusammenhang. Mit anderen Worten, je größer die Kraft, oder besser gesagt der Druck auf die Kolben ist, umso höher ist auch das Drehmoment und die Leistung.

Da der während der Verbrennung auftretende Druck nicht gleichmäßig ist, hat man den Begriff des „mittleren Verbrennungsdruckes" eingeführt. Das Drehmoment ist aber außer vom mittleren Druck noch vom Hubraum abhängig, da ein größerer Hub, bzw. eine größere Bohrung bei gleichem Druck ein größeres Moment ergeben. Dieser Zusammenhang kommt in der folgenden einfachen Formel zum Ausdruck:

$$M_d = p_m \cdot V_h \cdot (K)$$

In dieser Formel bedeuten M_d das Drehmoment, p_m der mittlere Verbrennungsdruck (Reibverluste schon abgezogen) und V_h der Hubraum.

Bei jedem Expansionshub des Kolbens wird also ein bestimmtes Drehmoment erzeugt, d. h. eine Arbeit geleistet. Für den Hubkolbenmotor gilt demnach zwangsläufig, daß seine Leistung umso

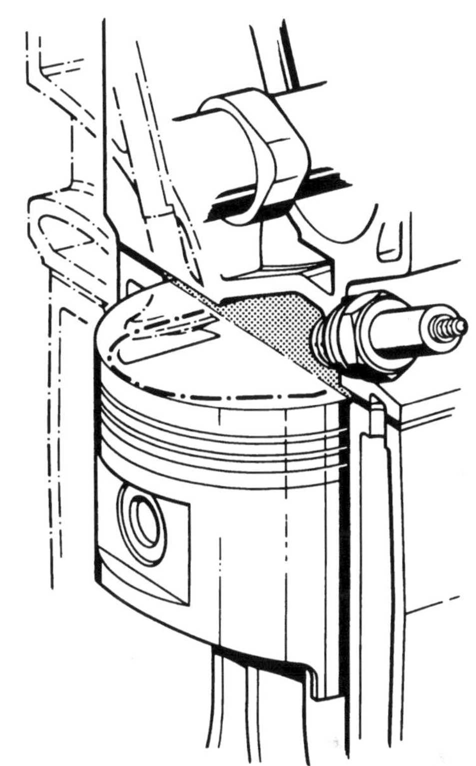

Der keilförmige Brennraum der Opel-Motoren zeichnet sich durch eine sehr kompakte Form aus. Da die Ventile parallel nebeneinander stehen, sind die Möglichkeiten zur Montage größerer Ventile begrenzt.

höher ist, je öfter ein solcher Expansionshub stattfindet, was wiederum von der Drehzahl des Motors abhängig ist. Daraus resultiert, daß die Leistung von zwei Faktoren bestimmt wird, nämlich von der Drehzahl und dem Drehmoment. Aus der Leistungsformel ist dieser einfache Zusammenhang gut ersichtlich:

$$N = M_d \cdot n \cdot (K)$$

Die Buchstaben N stehen für die Leistung und für die Drehzahl, und K ist wie bei der ersten Formel eine Rechnungskonstante, die hier nicht weiter interessiert. Setzt man für das Drehmoment M_d den in der ersten Formel gefundenen Ausdruck ein, erhält die Leistungsformel folgendes Aussehen:

$$N = p_m \cdot V_h \cdot n \cdot (K)$$

Aus diesen relativ einfachen theoretischen Betrachtungen wird deutlich, welche Maßnahmen notwendig sind, um die Leistung eines Motors zu erhöhen. Man kann

- **Den mittleren (effektiven) Druck erhöhen**
- **Den Hubraum vergrößern**
- **Die Drehzahl anheben.**

In der Regel wird man bei einer Leistungssteigerung nicht nur eine dieser Möglichkeiten in Anspruch nehmen, sondern unter Umständen alle drei Maßnahmen zugleich anwenden. Wir wollen sie hier im Prinzip der Reihe nach durchgehen.

Den mittleren Druck erhöhen

Neben der absoluten Höhe des Mitteldruckes – dem aus technischen Gründen bestimmte Grenzen gesetzt sind – ist auch noch sein Verlauf über der Drehzahl entscheidend. Da der Mitteldruck genauso wie das Drehmoment verläuft, können wir mit diesem etwas leichter verständlichen Begriff arbeiten. Es steigt zunächst mit der Drehzahl an, erreicht einen Maximalwert und fällt dann wieder mehr oder weniger stark ab. Man kann also feststellen, daß ein bestimmtes Motordrehmoment bzw. ein bestimmter Mitteldruck bei hoher Drehzahl mehr Leistung bringt, als bei niederer Drehzahl. Man wird demnach versuchen, nicht nur die absolute Höhe des mittleren Druckes zu steigern, sondern auch seinen Maximalwert in höhere Drehzahlbereiche zu verlagern. Hierzu muß man wissen, welche wichtigen Faktoren die Größe und den Verlauf des mittleren Verbrennungsdruckes bestimmen. Es sind dies die Zylinderfüllung, das Verdichtungsverhältnis und die Reibungsverluste.

Füllung verbessern

Unter der Füllung versteht man die Menge der Frischgase, die ein Motor anzusaugen in der Lage ist. Je größer die angesaugte Frischgas-

Erste und wirksamste Maßnahme zur Verbesserung der Füllung ist die Montage eines größeren Vergasers. Diese Doppelvergaseranlage von Irmscher für den Kadett 1100/1200 bringt ohne weitere Änderungen ca. 8 Mehr-PS.

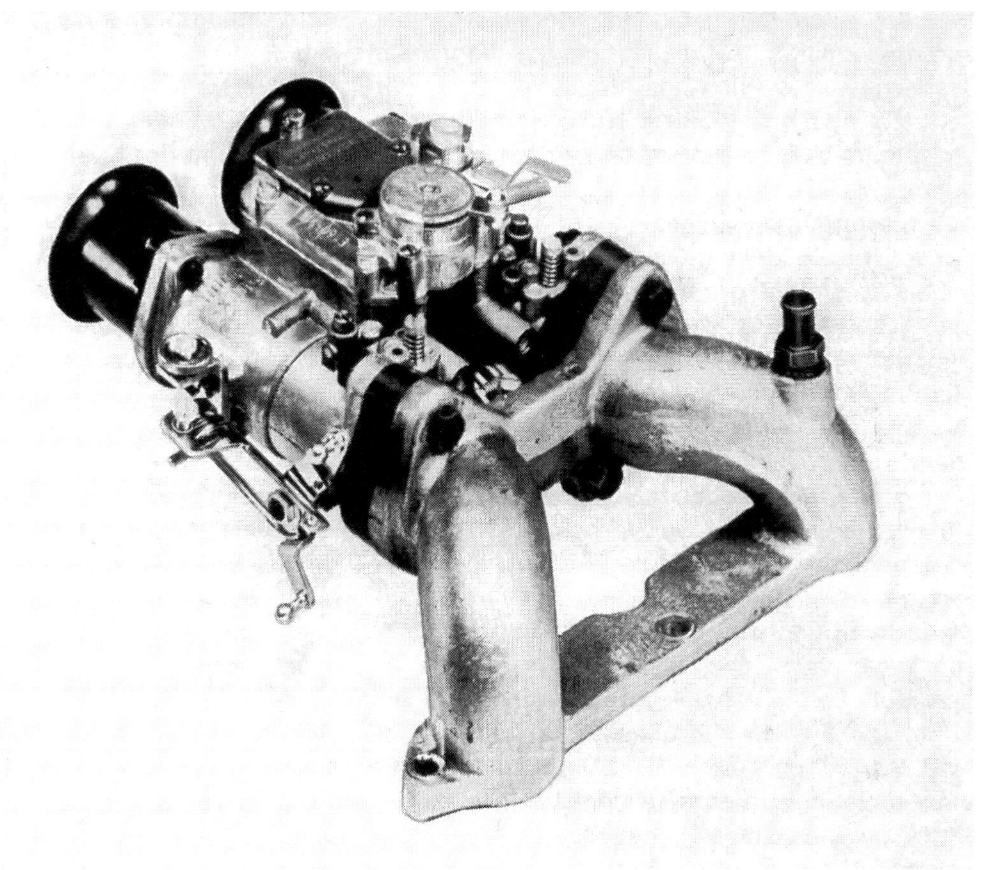

menge, umso höher der Verbrennungsdruck und damit die Leistung. Es sollte also das Hauptanliegen bei jeder Leistungssteigerung sein, die Zylinderfüllung des Motors zu verbessern, denn hier sitzt man sozusagen am Quell der Leistung.

In erster Linie bestimmen Querschnitt, Verlauf und Anzahl der Saugwege die Füllung. Zu den Saugwegen zählen außer den Ansaugkanälen im Zylinderkopf, dem eigentlichen Saugrohr zwischen diesem und dem (bzw. den) Vergaser,

natürlich auch der (bzw. die) Vergaser selbst und der Luftfilter. Auf diesem langen Weg sollte das angesaugte Frischgas möglichst wenig Widerstand finden. Dabei treten die Hauptdrosselverluste im Vergaser selbst und am Einlaß-Ventil auf.
Aus diesen Überlegungen lassen sich folgende Konsequenzen ziehen: Die Vergaserquerschnitte sollten möglichst groß sein, das Luftfilter soll eine freie Atmung gewährleisten, die übrigen Saugwege sollten von der Dimensionierung und Führung her möglichst geringen Widerstand bieten und die Ventilquerschnitte müssen ausreichend sein.
Neben den Saugwegen bestimmen die Ventilsteuerzeiten (die den Gaswechsel im Motor regeln) und der Ventilhub die Füllung eines Motors ganz wesentlich. Es ist klar, daß ein Ventil das schnell und weit öffnet mehr Gas durchlassen kann, als ein langsam öffnendes mit geringem Hub. Da die Ventilsteuerzeiten und auch der Ventilhub von der Nockenwelle abhängen, ist eine Änderung dieser Einflußgrößen nur mit einer anderen Nockenwelle möglich.
Auch die Auspuffanlage beeinflußt, obwohl ursprünglich nur für die Führung und Dämpfung der Abgase gedacht, die Füllung eines Motors unter Umständen in hohem Maße. Durch richtige Führung und Gestaltung der Auspuffanlage läßt sich nämlich nicht nur eine – für gute Füllung unbedingt notwendige – schnelle Entfernung der Abgase erreichen, sondern auch noch ein gewisser Saug- und Aufladeeffekt durch die Schwingungen der Gassäulen ermöglichen.

Verdichtungsverhältnis

Man versteht darunter das Verhältnis des gesamten Zylinderraumes (einschließlich Brennraum), wenn der Kolben an seinem unteren Totpunkt (u. T.) steht zu dem Rest, den er bei seiner höchsten Stellung (oberer Totpunkt) übrigläßt (Skizze). Diesen Rest kann man auch als Brennraum bezeichnen. Die Berechnungsformel für das Verdichtungsverhältnis sieht dann so aus:

$$e = \frac{V_h + V_k}{V_k}$$

In dieser Formel bedeuten e das Verdichtungsverhältnis, V_h der Hubraum (eines Zylinders) und V_k das Volumen des Brennraumes. Eine Erhöhung des Verdichtungsverhältnisses bringt neben einer Verbesserung des thermischen Wirkungsgrades eine Erhöhung des mittleren effektiven Druckes. Ein möglichst hohes Verdichtungsverhältnis ist also im Hinblick auf die Leistungsausbeute wünschenswert, doch sind hier von der Belastbarkeit des Triebwerkes und der Klopfgrenze (Selbstzündung des Gemischs) her Grenzen gesetzt. Auch spielt die Form des Brennraumes eine Rolle, die auch einen gewissen Einfluß auf die Höhe des mittleren Druckes hat.

Hubraum vergrößern

Die Hubraumvergrößerung ist bei Einhaltung bestimmter Grenzen eine relativ einfache und un-

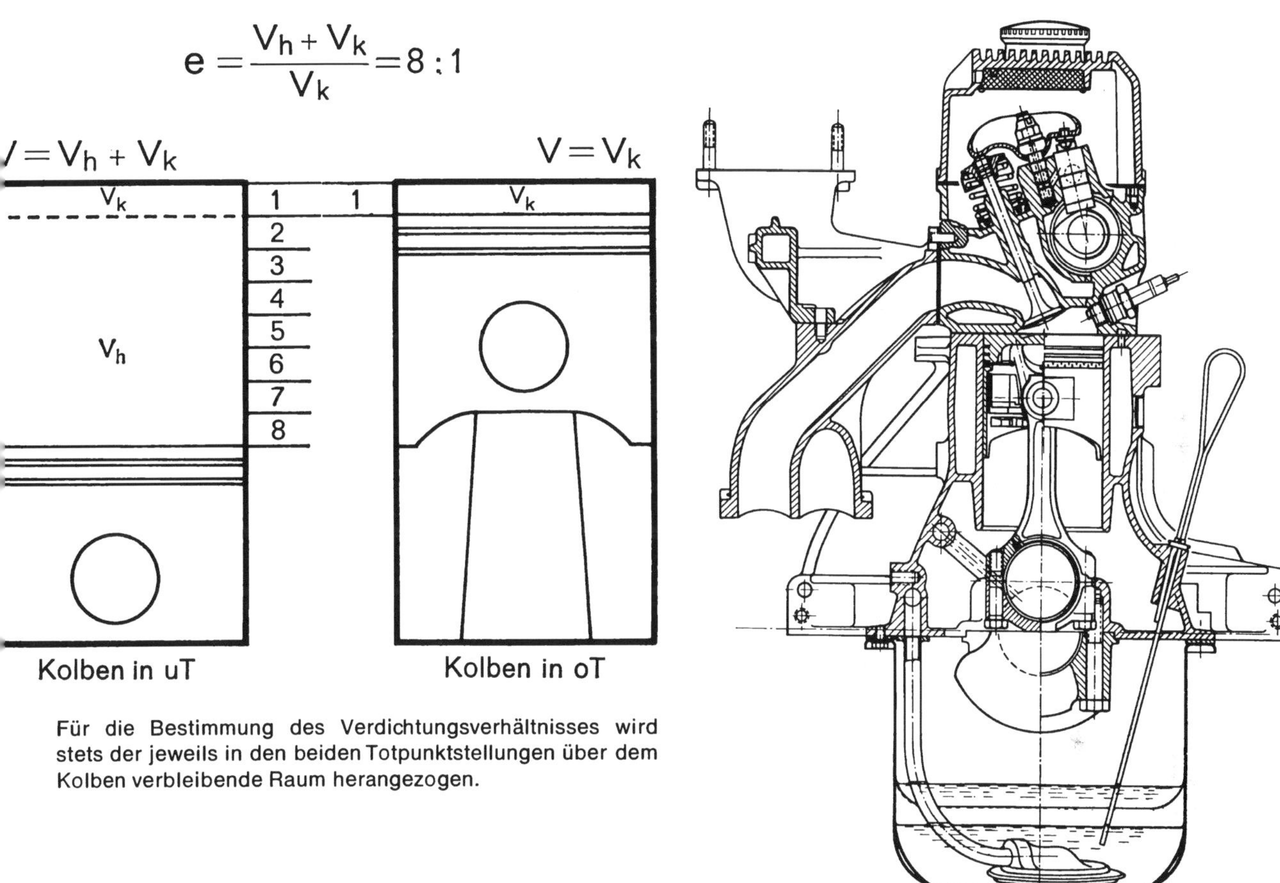

Für die Bestimmung des Verdichtungsverhältnisses wird stets der jeweils in den beiden Totpunktstellungen über dem Kolben verbleibende Raum herangezogen.

Die wichtigsten Konstruktionsmerkmale der großen Opel-Vierzylindermotoren gehen aus diesem Querschnitt durch einen 1,9 Liter-Sprintmotor hervor. Auch hier besteht die Möglichkeit, durch Aufbohren einen größeren Hubraum zu erzielen, wovon bei Wettbewerbsmotoren ausgiebig Gebrauch gemacht wird.

komplizierte Art der Leistungssteigerung. Sie wird darum von professionellen Tunern ebenso gern angewandt – sofern dies möglich ist – wie im Serienmotorenbau. Denn eine Hubraumvergrößerung gestattet eine Leistungserhöhung, ohne daß die für die Lebensdauer eines Motors kritischen Größen, wie Druck, Temperatur und Drehzahl zu stark verändert werden, was bei allen anderen Maßnahmen zur Leistungssteigerung zwangsläufig eintritt. Allerdings muß ein Motor auch bestimmte Voraussetzungen mitbringen, um größere Hubraumerweiterungen zuzulassen.

Da der Hubraum ebenso wie der mittlere Druck und die Drehzahl als gleichwertige (lineare) Größe in der Leistungsformel zu finden ist, bringt jede Hubraumvergrößerung eine entsprechende, prozentuale Leistungssteigerung. Diese ist von der Literleistung des jeweiligen Motors abhängig. Unter der Literleistung versteht man die Leistungsausbeute eines Motors im Verhältnis zum Hubraum. Hierzu wird die Leistung (PS) durch den Hubraum (1 Liter entsprechend 1000 ccm) des jeweiligen Motors dividiert. Berücksichtigen muß man außerdem, daß die Literleistung theoretisch mit zunehmender Zylindergröße abnimmt. Also kann ein Achtzylindermotor theoretisch eine höhere Literleistung erreichen als etwa ein Vierzylindermotor des gleichen Hubraumes. Weiterhin treten, wenn man eine Hubraumvergrößerung als alleinige Maßnahme zur Leistungssteigerung vornimmt, Füllungsverluste auf, da ja mehr Gemisch durch die gleichen Ansaugwege in die Zylinder geführt werden muß. Unter Berücksichtigung all dieser Tatsachen kann man den nur auf eine Hubraumvergrößerung zurückzuführenden Leistungsgewinn mit folgender Faustformel gut abschätzen:

- Leistungsgewinn = Literleistung des vorhandenen Motors × zusätzlicher Hubraum × 0,8. Hierbei ist die Literleistung in PS/Liter und der zusätzliche Hubraum in Liter anzusetzen.

Aufbohren oder längerer Hub?

Die einfachste Art der Hubraumvergrößerung ist zweifellos das Erweitern der Zylinderbohrung, allgemein als Aufbohren bekannt. Da jedoch dadurch die Zylinderwandstärke reduziert wird, sind hier die Möglichkeiten je nach Motorentyp verschieden. Außerdem setzt das Aufbohren zunächst das Vorhandensein geeigneter Kolben mit ebenfalls größerem Durchmesser voraus. Für den Opel Vierzylindermotor (1,9 Liter) sind solche Kolben erhältlich (94 und 95 mm ⌀), so daß sich der Motor auf nahezu 2 Liter aufbohren läßt.

Durch eine Verlängerung des Kolbenhubs kann der Hubraum ebenfalls vergrößert werden. Hier liegen die Dinge etwas komplizierter als beim Aufbohren, da hierzu eine andere Kurbelwelle mit größerem Hub notwendig ist. Dabei ist zu beachten, daß sich bei einer Hubveränderung auch die Kolbengeschwindigkeit ändert, so daß von dieser Seite gewisse Grenzen gesetzt sind, die jedoch nur bei relativ langhubigen Motoren kritisch werden können. Insgesamt erfordert eine Hubraumvergrößerung durch längeren Hub mehr Aufwand als das relativ einfache Aufbohren und sollte nur dann vorgenommen werden, wenn die Voraussetzungen hierzu günstig sind.

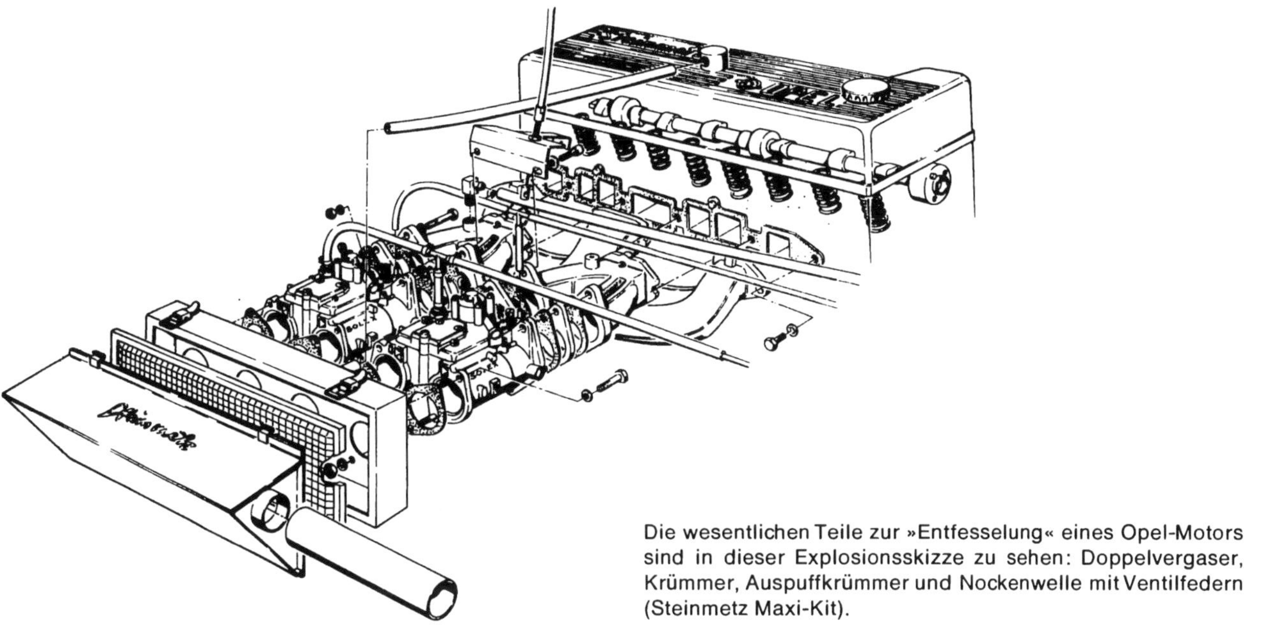

Die wesentlichen Teile zur »Entfesselung« eines Opel-Motors sind in dieser Explosionsskizze zu sehen: Doppelvergaser, Krümmer, Auspuffkrümmer und Nockenwelle mit Ventilfedern (Steinmetz Maxi-Kit).

Den durch die erwähnten Maßnahmen gewonnenen Hubraum kann man sich aus der Hubraumformel ausrechnen.

$$V = z \cdot H \cdot \pi \frac{D^2}{4}$$

Darin bedeuten V das Hubvolumen in ccm, z die Anzahl der Zylinder, H die Länge des Kolbenhubes (in cm) und D der Durchmesser der Bohrung (in cm); π als Konstante mit 3,14.

Für Vierzylindermotoren vereinfacht sich die Formel wie folgt:

$$V = H \cdot \pi \cdot D^2$$

Höhere Drehzahl

Da die Drehzahl in gleichem Maße wie der mittlere Druck und der Hubraum die Leistung eines Motors beeinflußt, zählt eine Drehzahlsteigerung mit zu den wichtigen Zielen einer wirksamen

In diesem Schaubild ist der Leistungseinfluß verschiedener Tuning-Maßnahmen festgehalten. Der 1,9 Liter-Serienmotor gewinnt nach der Montage des Steinmetz-»Mini-Kits«, bestehend aus einem Doppelvergaser mit Krümmer und Sprint-Auspuffkrümmer, fast 13 PS. Bei Verwendung von zwei Doppelvergasern (»Midi-Kit«) steigt die Leistung um 16 PS. Der »Maxi-Kit« schließlich besteht aus zwei Doppelvergasern und einer Spezialnockenwelle (St 13) und realisiert laut Steinmetz eine Mehrleistung von knapp 30 PS. Bei allen diesen Kits werden keine mechanischen Eingriffe am Motor vorgenommen.

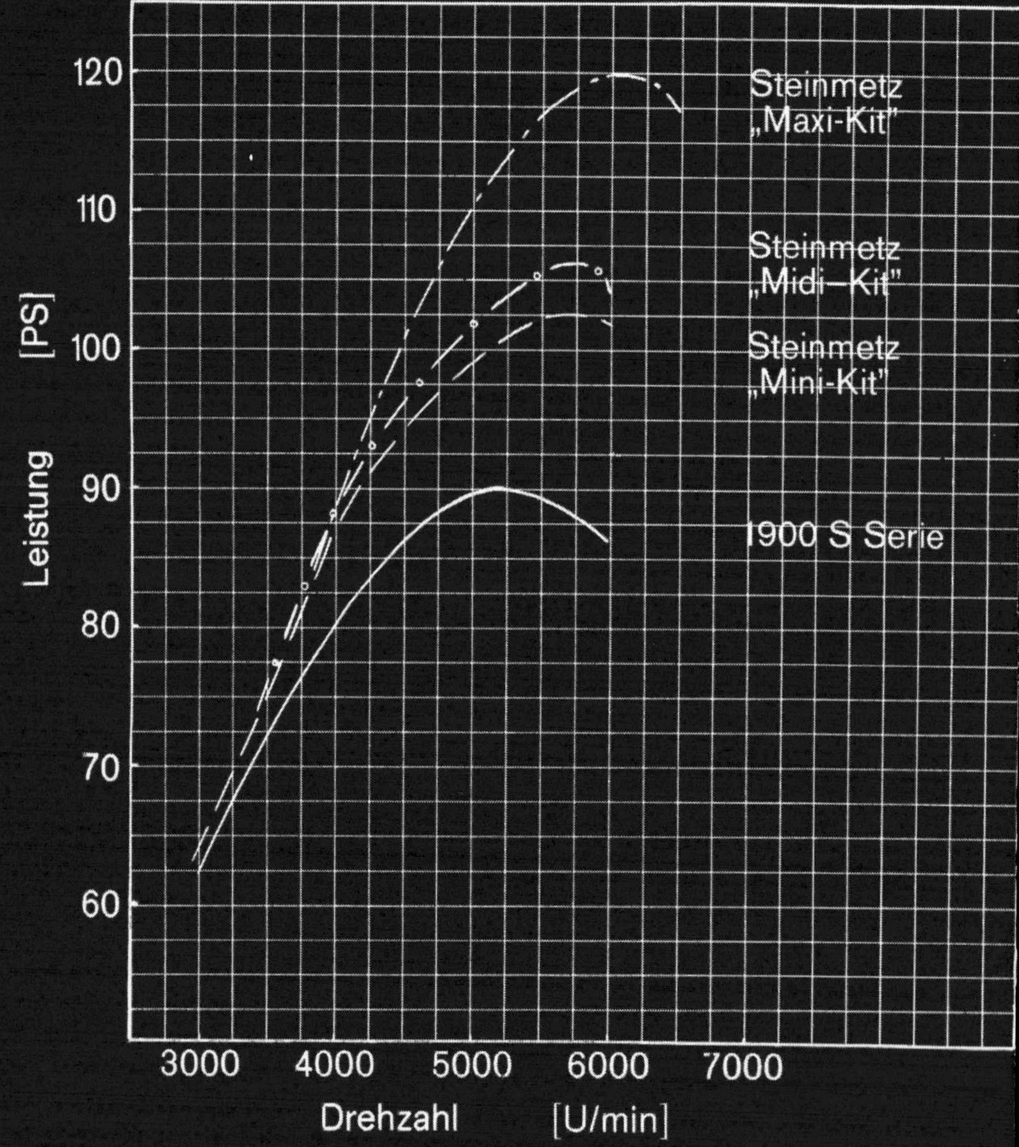

Leistungssteigerung. Eine Erhöhung der Drehzahl ergibt sich bereits zwangsläufig bei einer Entdrosselung des Motors zum Zwecke des höheren Mitteldruckes. Denn primär wird die Drehzahl (unter Vollast) bei Gebrauchsmotoren von der Füllung beeinflußt, das heißt bei hohen Drehzahlen sind die Füllungsverluste so hoch, daß hierdurch eine wirksame Drehzahlbremse entsteht. Sorgt man jedoch dafür, daß bei hohen Drehzahlen die Füllung noch gut ist, was durch entsprechende Maßnahmen (Mehrvergaseranlagen, größere Einlaßquerschnitte, schärfere Nokkenwellen usw.) ohne weiteres möglich ist, können die ursprünglich einem Motor zugedachten Drehzahlgrenzen bei weitem überschritten werden, was nicht nur zu einer Erhöhung der Spitzendrehzahl, sondern des gesamten Drehzahlniveaus führt.

Einer größeren Drehzahlerhöhung stehen aber in der Regel noch mechanische Grenzen im Wege. So wächst die Beanspruchung aller beweglichen Teile des Motors stark an, ebenso wird die Kolbengeschwindigkeit größer. Doch sind nicht nur der Kurbeltrieb und, in geringerem Maße, die Kolbengeschwindigkeit drehzahlbegrenzende Kriterien bei den Opel Vierzylindermotoren, sondern auch der Ventiltrieb.

Die Drehzahlfestigkeit des Ventiltriebes wird von seiner Konstruktion, von der Nockenwelle und den Ventilfedern bestimmt. Die hierdurch bedingten Drehzahlgrenzen (Flattergrenze der Ventile) können durch geeignete Maßnahmen in den meisten Fällen ein gutes Stück hinaufgesetzt werden.

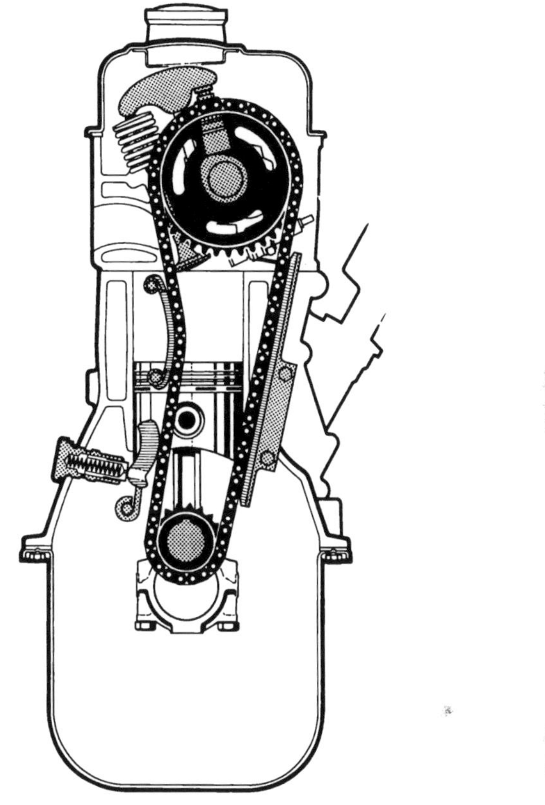

Das Schema der Ventilsteuerung der großen Opel-Vierzylindermodelle geht aus dieser Skizze hervor. Die im Zylinderkopf liegende Nockenwelle betätigt – von einer Kette angetrieben – über Stößel und Blechkipphebel die parallel hängenden Ventile. Die Drehzahlgrenze für diesen Ventiltrieb liegt bei ca. 7000 U/min.

Sollen sehr hohe Drehzahlen im Dauerbetrieb erreicht werden, so genügt nicht nur eine Überarbeitung des Ventiltriebes, sondern auch der Kurbeltrieb muß den veränderten Verhältnissen angepaßt werden. Hierzu zählen in erster Linie Erleichterungen und Gewichtsangleichung der Triebwerksteile, die nicht nur der Betriebssicherheit dienen, sondern vor allem die bei hohen Drehzahlen stark ansteigenden Reibungsverluste vermindern. Durch diese wird nämlich der durch die höhere Drehzahl bedingte Leistungsgewinn zum Teil wieder aufgezehrt, so daß diesem Punkt auch schon aus diesem Grund eine gewisse Bedeutung zukommt.

PRAKTISCHES TUNING

Bevor man sich zu einer Leistungssteigerung des Motors und zur Überarbeitung des übrigen Autos entschließt, sollte man sich darüber klar sein, welchem Zweck das Ganze dient. Wünscht man nur etwas mehr Dampf im Alltagsauto, so genügen oft schon einfache und relativ preiswerte Maßnahmen – wie z. B. Doppelvergaseranlagen oder Spezialzylinderköpfe – um diesen Wunsch zu erfüllen. Von einem tieferen Eingriff in den Motor, der im Endeffekt zwar mehr Leistung bringt, aber auch manchmal höhere Risiken birgt und größere Kosten verursacht, kann man dann absehen.

Ein Tuning für Wettbewerbe muß hingegen wesentlich umfassender sein und sollte die mit noch relativ einfachen Mitteln auszuschöpfenden Möglichkeiten eines Motors voll nutzen. Einbußen in der Laufkultur und der Betriebssicherheit sind nicht zwangsläufig der Fall, doch auch wiederum nicht ausgeschlossen.

Für ein optimales Spitzen-Tuning, wie es z. B. für den Renneinsatz notwendig wäre, kommt nur eine Spezialfirma in Frage, die die nötige Erfahrung auf diesem Gebiet hat. Diese Art der Leistungssteigerung ist dann meist ziemlich teuer, auch ist das Auto für den normalen Verkehr meist nicht mehr geeignet, was nicht nur auf Grund der Motorcharakteristik, sondern auch wegen der damit verbundenen übrigen Modifikationen der Fall ist.

Um Sie mit dem Schwierigkeitsgrad der einzelnen Maßnahmen besser vertraut zu machen, beginnen wir mit den einfachsten, jederzeit rückgängig zu machenden Veränderungen an Ihrem Wagen, wie z. B. andere Vergaser, Auspuffanlagen usw. Erst wenn es sozusagen bereits in den Zylinderkopf hineingeht, werden die Dinge etwas diffiziler.

Der eigenen Handarbeit hier weit vorzuziehen sind in jedem Fall die von einigen Firmen für alle diversen Opel-Modelle angebotenen Tuning-Kits, die man bei entsprechenden Kenntnissen entweder selbst montieren kann oder aber montieren läßt. Noch einfacher, aber in den meisten Fällen der teuerste Weg, ist der Einbau von kompletten getunten Motoren, wie sie von Irmscher und Steinmetz angeboten werden. Sofern damit eine gewisse Garantie verbunden ist, sind sie trotz ihres relativ hohen Preises eine gute Sache.

VERGASERFRAGEN UND GEMISCHAUFBEREITUNG

Die Aufgabe jeglicher Gemischaufbereitung ist es, die einzelnen Zylinder mit zündfähigem Gemisch zu versorgen. Dazu müssen Luft und Kraftstoff in einem ganz bestimmten Verhältnis, das bei etwa 13:1 liegen soll, miteinander gemischt werden. Die Art der Gemischaufbereitung spielt für dieses Verhältnis keine Rolle. Es ist also im Prinzip gleichgültig, ob das richtige Luft-Kraftstoff-Verhältnis in einem Vergaser oder durch eine Benzineinspritzanlage hergestellt wird. Die Schwierigkeit liegt in beiden Fällen darin, unter allen Betriebsbedingungen des Motors – also bei Vollast unter hohen und niederen Drehzahlen, Teillast und Leerlauf – dem Motor das jeweils richtige bzw. optimale Gemisch zu liefern. Die der jeweiligen Luftmenge entsprechende Kraftstoffmenge wird in Vergasern durch ein mehr oder weniger kompliziertes Düsensystem geregelt, bei Einspritzanlagen geschieht die Regelung entweder mechanisch mit der Einspritzpumpe oder durch ein elektronisch gesteuertes Dosiergerät. Der Durchsatz, also die jeweilige Luft- bzw. Gemischmenge, wird in den meisten Fällen durch Drosselklappen geregelt, während manche Einspritzanlagen auch eine Schieberregelung aufweisen, die den Vorzug hat, daß bei voll geöffnetem Querschnitt kein störendes Teil mehr die Strömung behindert.

Der Weber-Vergaser 40 bzw. 45 DCO ist für getunte Opel-Motoren sehr gut geeignet. Ein besonderer Vorteil dieses Vergasers ist die leichte Zugänglichkeit sämtlicher Düsen.

Vergasertypen

Ausgehend von der Strömungsrichtung des Gemischs, unterscheidet man Fallstromvergaser, Flachstromvergaser (Horizontalvergaser) und als Mittelding zwischen diesen Bauarten Schrägstromvergaser. Innerhalb dieser grundsätzlichen Einteilung sind natürlich noch verschiedene Bauformen möglich. Man unterscheidet hier Einfachvergaser (mit einem Durchlaß), Doppel- bzw. Dreifach-Vergaser (mit zwei bzw. drei Durchlässen und einer gemeinsamen Schwimmerkammer) und Registervergaser (mit zwei oder mehr Durchlässen). Beim Registervergaser, der meist zwei Durchlässe besitzt, wird zunächst, bei niederer Drehzahl wenn der Luftbedarf des Motors noch gering ist nur e i n e Drosselklappe betätigt, während erst bei Vollast und höheren Drehzahlen die zweite Öffnung freigegeben wird. Für getunte Motoren sind Doppelvergaser oder mehrere Einfachvergaser besser geeignet, um eine getrennte Gemischversorgung der einzelnen Zylinder zu ermöglichen.

Vergaseranlagen

Sinn und Zweck von anderen Vergasern, Zweivergaseranlagen oder Doppelvergaseranlagen ist in allen Fällen, durch größere Vergaserquerschnitte eine bessere Füllung zu erreichen. Oft werden Mehrzylindermotoren serienmäßig mit einem einzigen Vergaser betrieben, der dann hinsichtlich seiner Dimensionierung bei einer nachträglichen Leistungssteigerung dem erhöhten Durchsatz nicht gewachsen wäre. Welche Vergasertypen bzw. Anlagen am günstigsten sind, ist von der Konstruktion des Motors und der Gestaltung der Zylinderkopfeinlässe abhängig. Grundsätzlich gilt jedoch, daß zu einer optimalen Leistungsausbeute für jeden Zylinder ein gesonderter Vergaserdurchlaß vorhanden sein soll. Diese Forderung läßt sich in der Praxis dann nicht erfüllen, wenn für zwei Zylinder im Zylinderkopf nur ein Einlaßkanal vorhanden ist. Doch geht die Tendenz im modernen Motorenbau dahin, für jeden Zylinder einen gesonderten Einlaßkanal vorzusehen.
Die Vergaser allein machen jedoch noch keine komplette Anlage, wozu noch einiges mehr gehört. Geeignete Saugrohre, die im Durchmesser und der Gestaltung der Anlage entsprechen, Gasgestänge, Benzinleitungen und zahlreiche Kleinigkeiten gehören dazu. Es lohnt sich also, auf komplett lieferbare Anlagen zurückzugreifen. Spezielle, widerstandsarme Luftfilter oder Einlauftrichter sind für die meisten Vergasertypen erhältlich.

Vergasergröße und Einstellung

Die Größe eines Vergasers ist wie gesagt vom Durchsatz abhängig, der wiederum vom Hubraum und der Drehzahl des Motors bestimmt wird. Als Maß für die Vergasergröße nimmt man aus naheliegenden Gründen den Drosselklappendurchmesser, der bei der Typbezeichnung

Der Steinmetz Maxi-Kit (hier im Ascona montiert) verfügt als wesentliche leistungssteigernde Bestandteile über zwei Doppelvergaser (Solex 40 DDH oder Weber 40 DCOE), die über einen wirksamen Luftfilter und Ansauggeräuschdämpfer ihre Verbrennungsluft beziehen.

eines jeden Vergasers angegeben wird. Bei der Wahl der Vergasergröße kann man sich ruhig etwas Spielraum nach oben lassen, um auch für stärker getunte Motoren Reserven zu haben. Für die ungefähre Festlegung der notwendigen Vergasergröße ist folgende Formel sehr nützlich:

$$D = 0{,}8 \text{ bis } 0{,}9 \sqrt{\frac{V \cdot n}{i}}$$

In dieser Formel bedeuten D den gesuchten Durchmesser in mm, V den Gesamthubraum des Motors in Liter, i die Anzahl der Zylinder und n die Höchstdrehzahl in U/min. Mit dieser Formel kann man auch gut nachkontrollieren, ob die serienmäßige Vergasergröße reichlich oder knapp bemessen ist. Dabei spielt es keine Rolle, wieviele Zylinder ein Vergaser versorgen muß. Für die Einstellung herkömmlicher Vergaser (Solex, Zenith, Weber) sind drei Regelgrößen zu beachten, die die Gemischzusammensetzung hauptsächlich beeinflussen. Der Lufttrichter als engster Querschnitt im Vergaser regelt den maximalen Luftdurchsatz, die Hauptdüse und die Luftkorrekturdüse gleichen das Gemisch den verschiedenen Last- und Drehzahlbedingungen an. Bei der Einstellung gelten grundsätzlich folgende Regeln:

- Lufttrichter: Ein großer Lufttrichter verlagert die Spitzenleistung nach oben, bei zu großen Lufttrichtern starker Leistungsabfall im unteren Drehzahlbereich und Elastizitätsverlust. Kleine Lufttrichter ergeben meist geringere Spitzenleistung, doch besseres Übergangsverhalten und gute Elastizität. Anhaltswert für Lufttrichterdurchmesser: 0,8 × Vergaserdurchmesser.
- Hauptdüse: Bestimmt in erster Linie das Mischungsverhältnis von Kraftstoff und Luft. Zu beachten ist, daß sowohl zu fettes als auch zu mageres Gemisch zu einem unbefriedigenden Leistungsverhalten führen. Eine größere Hauptdüse ergibt höheren Verbrauch, eventuell bessere Leistung und besseres Übergangsverhalten beim Beschleunigen. Bei kleinerer Hauptdüse sinkt der Verbrauch, die Leistung nimmt eventuell ab und die Übergänge werden schlechter. Die richtige Größe der Hauptdüse (ebenso des Lufttrichters) kann nur in Versuchen gefunden werden. Als Anhaltswert gilt etwa die fünffache Größe des Lufttrichters. Für diese Überschlagsrechnung ist die Größe des Lufttrichters in mm, die der Düsen wie üblich in $^1/_{100}$ mm anzunehmen. Also bei einem Lufttrichterdurchmesser von 30 mm käme eine Hauptdüse der Größe 150 in Frage.
- Luftkorrekturdüse: Beeinflußt die Leistung und den Verbrauch hauptsächlich im oberen Drehzahlbereich. Je größer die Korrekturdüse, umso magerer wird das Gemisch bei hoher Drehzahl. Fehlende Leistung bei Vollast (Höchstgeschwindigkeit) kann also unter Umständen an zu großer Korrekturdüse liegen. Für die ungefähre Größe gilt als Regel: Größe der Hauptdüse plus 60.

Neben diesen drei Hauptregelgrößen bestimmen noch andere Zusatzeinrichtungen am Vergaser

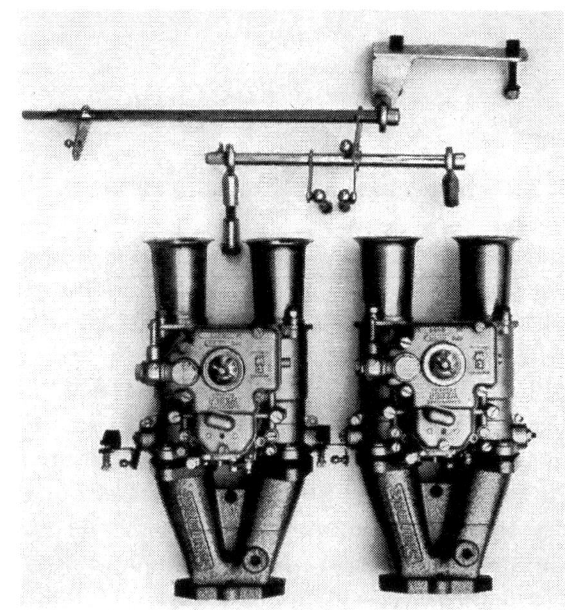

Bereits mit einem Doppelvergaser anstelle des serienmäßigen Registervergasers lassen sich bei den 1600/1900er Motoren gute Ergebnisse erzielen (oben). Für weitergehende Leistungssteigerungen ist freilich die getrennte Gemischversorgung jedes einzelnen Zylinders (durch zwei Doppelvergaser) unerläßlich.

das Laufverhalten des Motors. Beschleunigerpumpen, die beim Gasgeben zusätzlichen Kraftstoff einspritzen und Anreicherungssysteme überbrücken Probleme, die mit einfachen Düsensystemen nicht zu bewältigen sind.

Geeignete Vergaser und Vergaseranlagen

Bei der Behandlung dieses Themas muß man grundsätzlich unterscheiden zwischen dem „kleinen" (1100 und 1200 ccm) und großen (1600 bis 1900 ccm) Opel-Vierzylindermotor. Da der kleine Motor nur zwei Einlässe für vier Zylinder aufweist, können für eine Verbesserung der Gemischaufbereitung entweder 2 Einfachvergaser oder ein Doppelvergaser herangezogen werden. Die Verwendung von einem Registervergaser an Stelle des bzw. der Einfachvergaser erscheint weniger erfolgversprechend. Auf Grund der Bauart des Motors und der Lage der Einlaßkanäle, die mit horizontalem Flansch an der Zylinderkopfoberseite beginnen, können sowohl Fallstrom- als auch Flachstromvergaser (Horizontalvergaser) verwendet werden. Folgende Vergaseranlagen wurden bereits realisiert und in der Praxis erprobt.

Als optimale Vergaseranlage hat sich beim Kadett-Motor 1100/1200 ein Horizontal-Doppelvergaser erwiesen, der auch für Wettbewerbszwecke ausreichend ist.

1. Anlage mit zwei Fallstromvergasern

Diese Anordnung war mit zwei Solex Fallstromvergasern 35 PDSI beim 60 PS SR-Motor des 1100er Rallye-Kadett in Serie. Sie ist aus diesem Grund komplett bei Opel erhältlich, mit allen Anbauteilen und Luftfilter. Sie eignet sich für die Umrüstung von Einvergasermotoren, ist jedoch für weitergehende Leistungssteigerungen nicht zu empfehlen. Der Serienvergaser des Einvergasermotors kann, da es der gleiche Typ ist, weiterverwendet werden. Als Leistungssteigerung allein durch den zusätzlichen Vergaser können ca. 3 PS angesetzt werden.

2. Anlage mit zwei Horizontalvergasern

Brabham hatte sich einstmals auch auf das Tunen von Kadett-Motoren verlegt, wobei er dieser Anordnung den Vorzug gab. Dabei kamen zwei unterdruckgesteuerte SU-HS 2 Vergaser zur Verwendung, die auf um ca. 80 Grad gekrümmten Ansaugrohren saßen. Auch diese Ausführung ist für höhere Leistungsausbeute nicht geeignet und dabei sehr teuer. Leistungszuwachs auf Grund der Zweivergaseranlage ca. 3 bis 4 PS. Bezugsquelle Autohaus Dechent, Saarbrücken.

3. Anlage mit einem Fallstrom-Registervergaser

Die Firma Jetten, Opel-Spezialist in Holland, hat für kleinere Leistungssteigerungen diese Version mit einem Weber Fallstrom-Registervergaser 28/36 DCD im Programm. Obwohl Jetten als Leistungssteigerung ca. 4 bis 5 PS verspricht, erscheint uns diese Lösung nicht sehr sinnvoll, da sie weitergehende Leistungssteigerungen kaum zuläßt.

4. Anlage mit einem Horizontal-Doppelvergaser

Von allen Möglichkeiten erscheint diese Lösung mit Abstand am besten zu sein, da sie, bei ausreichender Dimensionierung der Vergaser, eine wesentliche Verbesserung der Füllung gestattet. Die Anlage wird von den beiden deutschen Opel-Tunern Irmscher und Steinmetz angeboten. Als Doppelvergaser kommen entweder ein Solex 40 DDH oder ein Weber 40 DCOE zur Verwendung. Beide Vergaser sind für diesen Zweck sehr gut geeignet und bieten gute Einstellmöglichkeiten. Die Anlage kann entweder mit Luftfilter oder – für Sportzwecke – mit offenen Ansaugtrompeten gefahren werden. Leistungssteigerung ohne Änderungen am Motor beim 1200er Kadett ca. 8 PS. Maximal erzielbare Leistung mit diesen Vergasern ca. 85 PS beim 1200er Motor.

5. Anlage mit einem Weber-Doppel-Fallstromvergaser

Diese Anlage stammt aus der Frisierküche von Jetten und ist für reine Rennmotoren vorgesehen. Ein Weber 46 IDA Doppelvergaser sorgt mit seinen überdimensionierten Querschnitten für gute Füllung, wobei jedoch der Motor eine entsprechend weitgehende Überarbeitung erfahren haben muß. Die Anlage ist nur für Rennmotoren zu gebrauchen, im Alltagsbetrieb nicht zu empfehlen.

Ebenso vielfältig wie bei dem kleinen Kadett-Motor sind die Möglichkeiten der Gemischaufbereitung beim großen Opel-Vierzylinder. Obwohl auch bei diesem Motor Auslaß und Einlaß auf einer Seite liegen, hat man doch für jeden Zylinder getrennte Einlaßkanäle vorgesehen, die eine exaktere Gemischverteilung und eine wesentliche Verbesserung der Füllung gestatten. Aus diesem Grund ist es auch möglich, für jeden Zylinder einen eigenen Vergaserdurchlaß vorzusehen. Es können hierbei sowohl Fallstrom- als auch Flachstromvergaser (Horizontalvergaser) Verwendung finden. Die folgenden Vergaseranlagen wurden bereits in der Praxis erprobt und sind erfolgversprechend.

1. Anlage mit einem Fallstrom-Registervergaser

Diese Anlage ist unter Verwendung eines Solex Fallstrom-Registervergasers 32 DITA bei allen S-

Ohne Probleme läßt sich die einfache Doppelvergaseranlage im Motorraum unterbringen. Der Trockenluftfilter bietet zwar ausreichenden Schutz gegen Staub und Schmutz, dämpft jedoch das Ansauggeräusch nicht wesentlich.

Zahllose weitere Teile zählen – außer den Vergasern – zu einer kompletten Doppelvergaseranlage, wie sie auch Irmscher für die großen Opel-Vierzylinder im Programm hat. Sie ist die Basis für jede ernsthafte Leistungssteigerung.

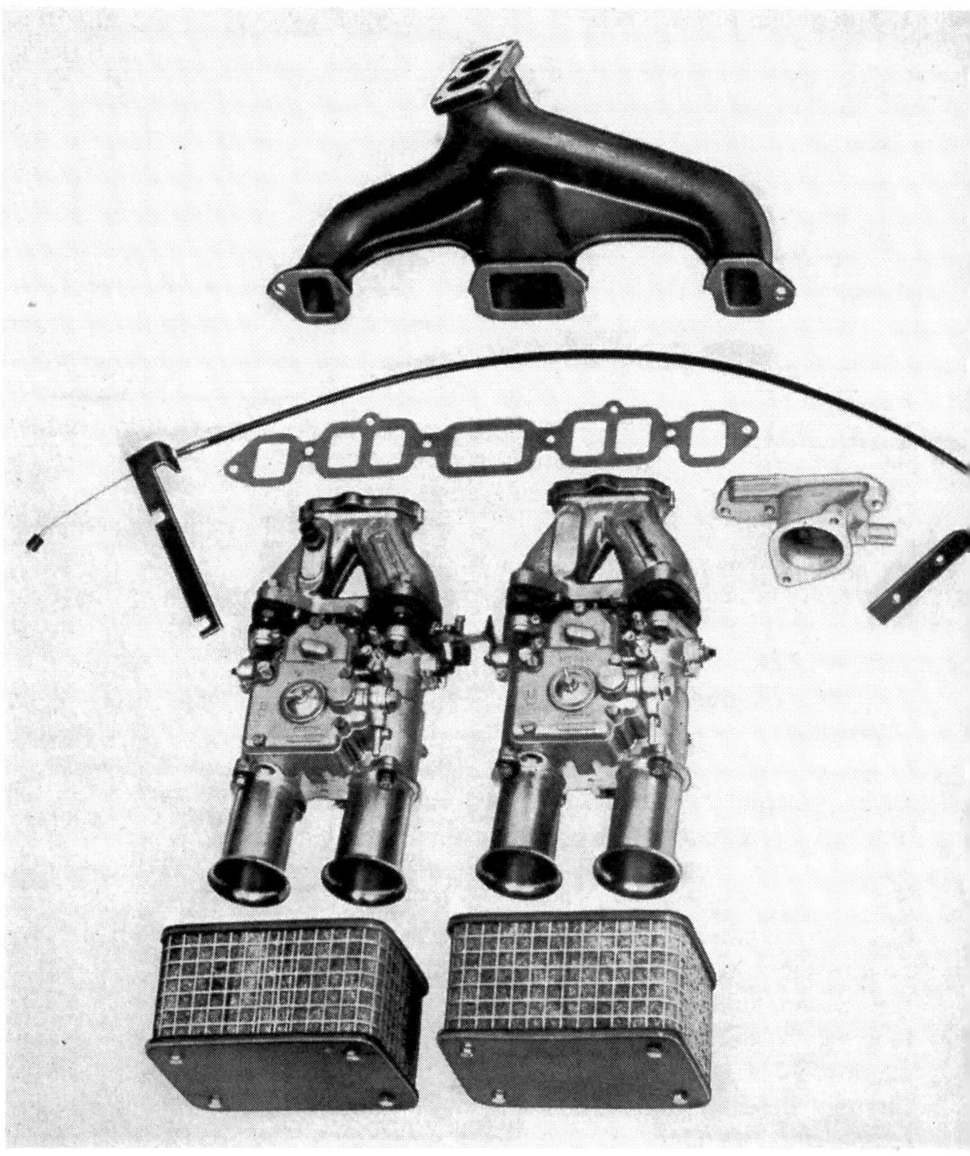

Motoren (1600, 80 PS; 1900, 90 PS) in Serie. Sie kann ohne Schwierigkeiten auf den Einfachvergaser-Motor des Ascona/Manta 1600/68 PS montiert werden, wobei auch der Krümmer gewechselt werden muß. Bezugsquelle: Opel. Leistungszuwachs ca. 5 bis 6 PS. Die Anlage ist nur dann zu empfehlen, wenn man sie günstig aus einem Schrottwagen bekommen kann, ansonsten gleich die 2. Möglichkeit vorsehen.

2. Anlage mit einem Fallstrom-Doppelvergaser

Bei dieser Anlage wird der serienmäßige Register-Vergaser der S-Motoren durch einen Doppel-Fallstromvergaser größeren Durchmessers ersetzt. In Frage kommen die Vergaser Solex 40 CCI oder Weber DCD. Das serienmäßige Saugrohr kann weiterverwendet werden, ist jedoch ebenso wie der Auspuffkrümmer anzupassen. Die Vergaser können entweder mit Luftfilter oder mit offenen Ansaugtrompeten gefahren werden. Die Anlage ist mit allen Anbauteilen (inklusive geänderter Ansaugkrümmer und Auspuffkrümmer) bei Steinmetz erhältlich. Leistungssteigerung ca. 4 – 8 PS. Preiswerteste Möglichkeit der Leistungssteigerung, jedoch für weitergehendes Tuning nicht zu empfehlen.

Wesentlich günstiger als beim Serienzylinderkopf liegen die Verhältnisse beim Querstromzylinderkopf. Die auf verschiedenen Seiten liegenden Gaswege gewähren mehr Freiheit bezüglich der Gestalttung der Saug- und Abgaswege. Allerdings geht es jetzt im Motorraum etwas enger zu (Querstrommotor im Kadett).

3. Anlage mit einem Horizontal-Doppelvergaser

Aufwendiger im Aufbau ist diese Anlage, da sie einen völlig neuen Ansaugkrümmer erfordert. Die Gemischverteilung und die Füllung ist jedoch bei dieser Lösung besser. Zur Verwendung kommen ein Weber Doppelvergaser 40 DCOE oder ein Solex Doppelvergaser 40 DDH. Die komplette Anlage inkl. aller Anbauteile ist bei Steinmetz erhältlich. Leistungssteigerung ca. 5 bis 8 PS.

4. Anlage mit zwei Fallstrom-Doppelvergasern

Diese Lösung ist als „Sprint"-Anlage bekannt und war im Opel-Rekord Sprint serienmäßig installiert. Sie ist außerdem für den Rallye-Kadett 1,9 in der Gruppe I homologiert und ist deswegen auch heute noch von Bedeutung. Die Gemischversorgung geschieht getrennt für jeden Zylinder durch zwei Weber Doppelvergaser 40 DFI-2. Die Anlage ist komplett mit allen Teilen im Opel Ersatzteilprogramm erhältlich, oder bei den deutschen Tuningfirmen. Sie kann jedoch nur für Gruppe I empfohlen werden. Leistungssteigerung ca. 10 bis 13 PS.

5. Anlage mit zwei Horizontal-Doppelvergasern

Sind weitergehende Leistungssteigerungen geplant, so ist eine solche Anlage die mit Abstand beste Lösung. Als Vergaser kommen Solex 40 DDH oder Weber 40 DCOE in Frage, für Wettbewerbsmotoren sind größere Drosselklappen-Durchmesser (Solex 45 DDH, Weber 45 DCOE) vorzusehen. Komplette Anlagen mit Krümmer, Gasbetätigung usw. liefern die Firmen Irmscher und Steinmetz. Leistungszuwachs auf Grund der Vergaseranlage ca. 12 bis 18 PS (je nach Motor). Leistungssteigerung bis ca. 180 PS für den 1,9 Liter-Motor möglich. Die gleiche Anlage ist mit anderen Ansaugkrümmern auch für den Querstromzylinderkopf geeignet (bis ca. 200 PS).

AUSPUFFANLAGEN

Bei jedem Motor mit hoher Literleistung spielt die Auspuffanlage eine wesentliche Rolle, da es wichtig ist, die verbrannten Abgase schnell genug aus den Zylindern zu fördern, um Platz für das einströmende Frischgas zu schaffen. Dies kann umso schneller geschehen, je geringer der Gegendruck in der Auspuffanlage ist. Der Gegendruck wird durch den Innendurchmesser (Querschnitt) der Auspuffrohre, die Führung der Anlage (man sagt, zwei scharfe Knicke entsprechen dem Widerstand eines Schalldämpfers), der Länge der Anlage und den Schalldämpfern selbst und ihrer Anzahl bestimmt.

Mit der wichtigste Teil der Auspuffanlage ist die Gasführung direkt nach dem Auslaß am Zylinderkopf. Man bezeichnet diesen Teil als Krümmer, Sammler oder Sammelrohr, da hier die Gasströme der einzelnen Zylinder zusammengefaßt werden. Günstig ist hier eine getrennte Abgasführung (bei Vierzylindern: Vierfachkrümmer) mit abgestimmten Rohrlängen, was aus fertigungstechnischen Gründen in der Serie meist nicht möglich ist.

Das nach dem Krümmer bei guten Anlagen folgende Doppelrohr (auch Hosenrohr genannt), ist ebenfalls für den Leistungsverlauf wichtig. Im weiteren Verlauf sind für den Straßenverkehr Schalldämpfer nicht zu umgehen, und zwar benutzt man in der Regel einen Vorschalldämpfer und einen Nachschalldämpfer. Man kann jedoch

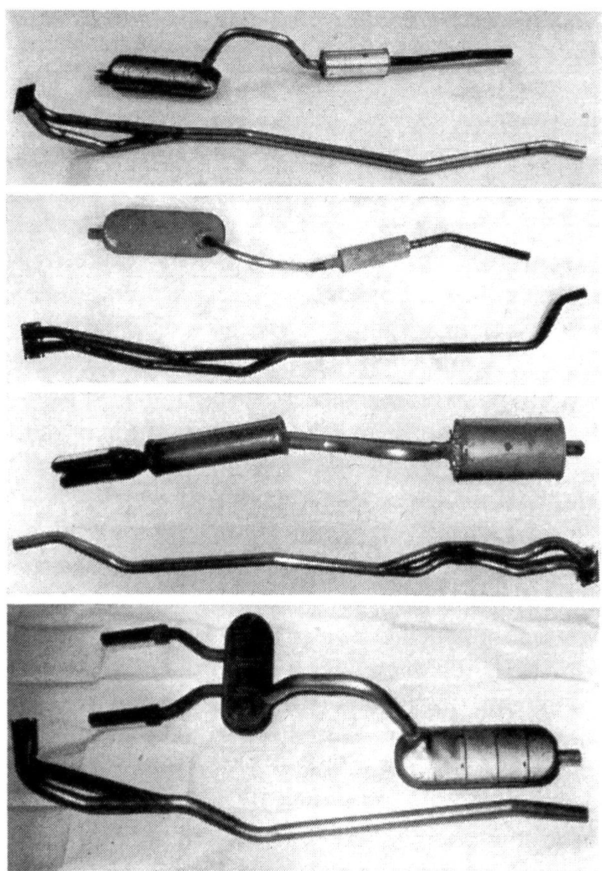

Im Prinzip völlig gleich aufgebaut sind die Auspuffanlagen der verschiedenen Opel-Modelle. Hosenrohr, Vorschalldämpfer und Nachschalldämpfer sind die wesentlichen Bestandteile, die lediglich den einzelnen Karosserievarianten und Leistungsstufen angepaßt werden (von oben: Kadett, Ascona/Manta, Ascona/Manta-SR, GT).

Schalldämpfer größerer Dimensionierung oder widerstandsärmerer Konstruktion (Absorbtions-Schalldämpfer) benutzen, die bei nahezu gleicher Dämpfung einen besseren Durchsatz gewährleisten.

Bei den Opel-Vierzylindermotoren besteht die Auspuffanlage aus vier Teilen: Auspuffkrümmer, Hosenrohr, Vorschalldämpfer und Endschalldämpfer. Im gegossenen Auspuffkrümmer werden die Gasströme der Zylinder 1 und 4 bzw. 2 und 3 zusammengefaßt und in das sogenannte Hosenrohr geleitet. Nach einer bestimmten Rohrlänge werden die beiden Gasströme im Hosenrohr vereinigt und münden in die eigentliche Schalldämpferanlage.

Für den 1100/1200 Motor ist bei den einzelnen Tuningfirmen keine spezielle Auspuffanlage erhältlich. Eine solche ist allerdings auch nicht notwendig, da die Serienanlage des Rallye-Kadett bzw. 1200 bereits recht gute Ergebnisse bringt und sich ohne großen Aufwand für leistungsgesteigerte Motoren modifizieren läßt. Dabei kommen verschiedene Maßnahmen in Betracht, die nach Möglichkeit zusammen angewendet werden sollen. Der Serienkrümmer kann beibehalten werden, ist jedoch stoßfrei an den Zylinderkopf anzupassen. Ein verkürzen des Hosenrohres um 50 bis 100 mm bringt im oberen Drehzahlbereich eine deutlich spürbare Drehfreudigkeit des Motors, auf Kosten der Durchzugskraft im unteren Leistungsbereich. Der Vorschalldämpfer bleibt unverändert. Im Nachschalldämpfer empfiehlt sich (für Wettbewerbe zum Beispiel) das Entfernen der Drossel, was ohne Schwierigkeiten möglich ist. Für ausgesprochene Rennmotoren hat die Firma Irmscher eine Rennauspuffanlage mit Fächerkrümmer, Hosenrohr und Resonator (Tüte) im Programm.

Die Auspuffanlagen der großen Vierzylindermodelle (Rallye-Kadett 1900, Ascona 1600/1900, Manta 1600/1900, GT/GTJ) ist im Prinzip völlig gleich aufgebaut, wenn auch in der Gestaltung auf Grund der unterschiedlichen Karosserieformen, etwas verschieden. Auch hier ergeben sich recht einfache Möglichkeiten, die vorhandene Anlage an getunte Motoren anzupassen. So ist es unbedingt zu empfehlen, den serienmäßigen Auspuffkrümmer gegen den Krümmer des ehemaligen Rekord-Sprint-Motors auszutauschen (als Opel-Ersatzteil erhältlich). Dieser Krümmer paßt an alle Vierzylindermotoren (1600/1900) und bringt auf Grund seiner günstigeren Gestaltung (ohne Hot-Spot) einen Leistungszuwachs bis zu 3 PS. Nach Möglichkeit sollte dabei der Krümmer an den Zylinderkopf stoßfrei angepaßt werden. Das Hosenrohr kann normalerweise unverändert beibehalten werden, bei Einbau einer schärferen Nockenwelle empfiehlt sich jedoch auch hier eine Verkürzung bis zu maximal 50 mm. Im Serienvorschalldämpfer bringt das Entfernen der angepunkteten Drossel, was ohne Öffnen des Schalldämpfers möglich ist, Vorteile. Der als Absorptionsschalldämpfer ausgebildete Nachschalldämpfer kann ohne Änderungen beibehalten werden.

Für weitergehende Leistungssteigerungen (über 130 PS etwa) empfiehlt sich der Einbau einer kompletten, voluminöseren Anlage, die bei Irm-

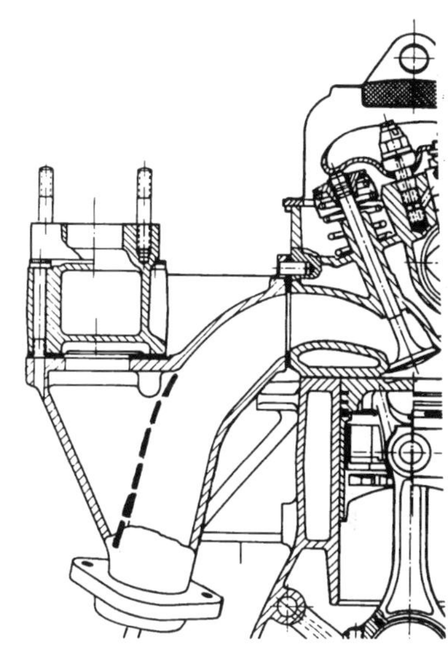

Der Auspuffkrümmer des Sprintmotors hat keine Heißluftkammer für die Vorwärmung des Ansaugrohres (Hot-spot) und bringt dadurch einen gleichmäßigeren und ungestörten Gasfluß. Als preiswertes Serienersatzteil ist er unbedingt zu empfehlen.

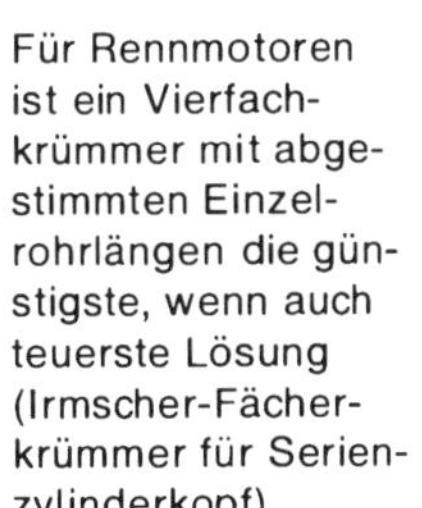

Für Rennmotoren ist ein Vierfachkrümmer mit abgestimmten Einzelrohrlängen die günstigste, wenn auch teuerste Lösung (Irmscher-Fächerkrümmer für Serienzylinderkopf).

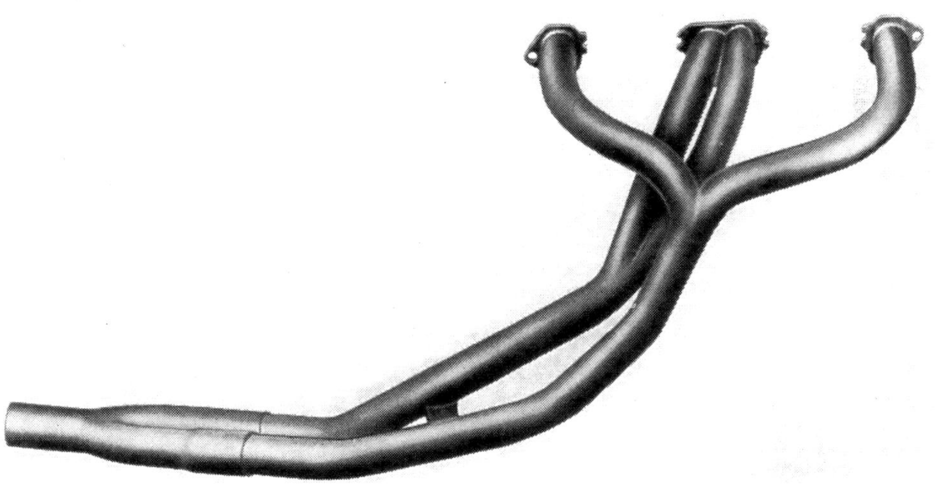

scher erhältlich ist. Für Rennmotoren kann eine Anlage mit Sprint-Krümmer, Hosenrohr und zylindrischem Endrohr (50 mm ⌀, 120 mm lang) verwendet werden. Diese Anlage bringt sehr gute Werte und ist nicht allzu aufwendig (Bezugsquelle: Steinmetz). Die Firma Irmscher hat für Rennmotoren mit Serienzylinderkopf auch eine Anlage mit Vierfachkrümmer, Hosenrohr und Endrohr im Programm. Für Rennmotoren mit Querstromzylinderkopf ist nur eine Anlage mit Fächerkrümmer vorgesehen, die je nach Karosseriemodell etwas unterschiedlich gestaltet werden muß. Insbesondere der GT wirft hier Platzprobleme auf.

DIE ZÜNDANLAGE

Fast alle Serienautomobile werden heute mit der sogenannten Batterie-Hochspannungszündung ausgerüstet, die sich nicht nur für den Normalbetrieb, sondern auch für getunte Motoren gut eignet. Die Hauptbestandteile einer solchen Zündanlage sind normalerweise Zündspule, Verteiler, Unterbrecher, Kondensator und Zündkerzen. Dazu kommen noch die Übertragungsteile wie Zündkerzenkabel, Kerzenstecker usw. An der Zündanlage gibt es praktisch – bis auf wenige Ausnahmen – nichts zu tunen. Doch müssen alle Teile in einwandfreiem funktionsfähigem Zustand sein und die Zündeinstellung muß stimmen, um eine optimale Leistung des Motors zu gewährleisten.

Ein härterer Kontaktsatz für den Unterbrecher und eine Hochleistungszündspule reichen normalerweise völlig aus, um die Zündanlage auch für höhere Drehzahlen geeignet zu machen.

Zündspule, Unterbrecher, Kondensator und Verteiler

In der Zündspule wird mit jedem Abheben des Unterbrechers eine hohe Spannung aufgebaut, die über den Verteiler an die Zündkerzen weitergeleitet wird und dort den zündenden Funken erzeugt. Damit dies ordnungsgemäß geschieht, muß der Unterbrecher eine bestimmte Zeit geschlossen sein (Schließwinkel), was man durch Einstellen eines bestimmten Kontaktabstandes (meist 0,4 mm) erreicht. Genauer geht es freilich mit einem Schließwinkel-Meßgerät. Häufige Kontrollen des Kontaktabstandes (etwa alle 2000 km) und gelegentlicher Wechsel der abgenutztten Unterbrecherkontakte (alle 10 000 km) garantieren einen sicheren Aufbau der Zündspannung und schließen Fehler von dieser Seite aus. Dabei sollte man für höher drehende Motoren gleich einen Kontaktsatz mit härterer Feder verwenden. Für Opelmotoren 1600/1900 Bosch Nr. 1237 013 065. Der meist am Verteiler montierte Kondensator soll übermäßige Funkenbildung und damit verbundenen Verschleiß an den Unterbrecherkontakten vermindern. Starke Funkenbildung deutet also auf einen defekten Kondensator. Auch hier gilt das oben gesagte.

Da die Zündspannung mit zunehmender Drehzahl geringer wird, was für die normale Batteriezündung charakteristisch ist, sind unter Umständen Zündaussetzer bei sehr hohen Drehzahlen möglich. Diese kann man durch den Einbau einer Hochleistungszündspule vermeiden oder reduzieren, die über den gesamten Drehzahlbereich eine höhere Zündspannung liefert, aber auch eine höhere Belastung der Unterbrecherkontakte verursacht. Hochspannungszündspulen liefert die Firma Bosch unter der Nummer 0221102003.

Die Unterdruckverstellung des serienmäßigen Zündverteilers sollte bei getunten Motoren entfernt werden. Die Verstellplatte ist festzulegen, um unerwünschte Schwankungen des Zündzeitpunktes zu vermeiden.

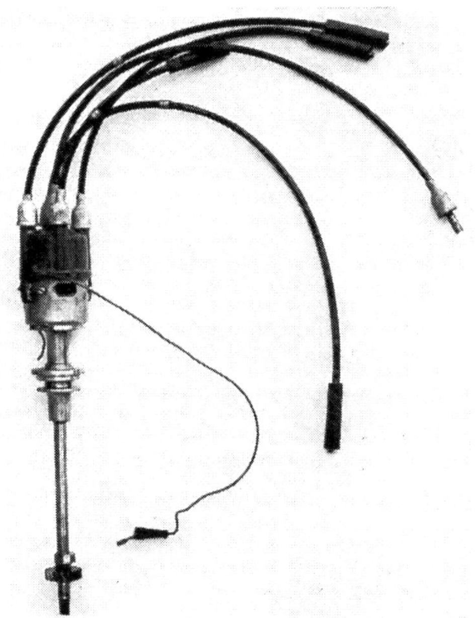

Der Verteiler tut nichts anderes, als die von der Zündspule kommende Hochspannung an die einzelnen Kerzen weiterzugeben. Damit er dies richtig macht, sollte die Verteilerkappe gut festsitzen, und der Verteilerfinger muß in Ordnung sein. Da sämtliche Opel-Vierzylindermotoren Verteiler mit Unterdruck- und Fliehkraftverstellung haben, muß die Unterdruckverstellung beim Anbau anderer Vergaser entfallen. Beim 1100/1200 Motor sollte dann die Verteilerplatte festgeklemmt werden. Beim Verteiler der 1600/1900er Motoren ist ebenfalls eine Festlegung der Verteilerplatte (durch Punktschweißen z. B.) dringend zu empfehlen. Die Fliehkraftverstellung wird davon nicht berührt. Steinmetz empfiehlt außerdem für seine Motoren mit Rallye-Nockenwelle eine Reduzierung des Fliehkraft-Verstellwinkels um etwa die Hälfte, was durch Materialauftrag (Löten) an den Fliehgewichten geschieht. Rennmotoren schließlich kommen – laut Steinmetz – ohne jegliche Zündzeitpunktverstellung aus, so daß auch der Fliehkraftversteller festgelegt werden kann.

Der Zündzeitpunkt

Die Lage des Zündzeitpunktes wird in der Regel auf den oberen Totpunkt (oT) von Zylinder 1 in Grad Kurbelwinkel bezogen. Je nachdem, ob er sich vor oder nach dem oT befindet, spricht man von Vorzündung oder Nachzündung (auch Früh- und Spätzündung).

Schnellaufende Verbrennungsmotoren werden immer mit einer gewissen Vorzündung betrieben, die im Betrieb drehzahl- und lastabhängig durch die automatische Zündzeitpunktverstellung geregelt wird. Dies geschieht durch federbelastete Fliehkraftgewichte im Verteiler und durch Unterdruckregler.

Die bei stehendem Motor gemessene (statische) Anfangsvorzündung ist jedoch einstellbar, denn die Lage des Zündzeitpunktes kann die Motorleistung wesentlich beeinflussen. Grundsätzlich ist der optimale Zündzeitpunkt bei jedem Motorentyp verschieden, er kann sich auch durch nachträgliche Tuningarbeiten ändern. Bei der Festlegung des neuen Zündzeitpunktes bei getunten Motoren, der in der Regel nur wenig vom serienmäßigen abweicht, sind Fahrversuche oder Prüfstandversuche notwendig. Die maximale Frühzündung wird meist durch das Klingeln des Motors (Selbstzündung des Gemischs) bestimmt. Fängt also ein Motor beim Beschleunigen aus niederen Drehzahlen zu klingeln an, muß der Zündzeitpunkt schrittweise zurückgenommen werden. Den endgültig gefundenen Wert des „neuen" Zündzeitpunktes sollte man auf der Riemenscheibe markieren.

Platinzündkerzen (immer mit Langgewinde) sind nur im Zylinderkopf des 1600 S verwendbar. Die anderen Serienzylinderköpfe lassen wegen des kurzen Gewindeloches nur konventionelle Zündkerzen zu.

Beim 1100/1200er Motor liegt der optimale Zündzeitpunkt (dynamisch, d. h. bei mit höherer Drehzahl laufendem Motor (ca. 5000 U/min) gemessen, bei ca. 28 Grad vor oT. Dieser Wert entspricht einer statischen Einstellung (bei stehendem Motor) von ca. 3 Grad vor oT. Der 1600/1900er Motor braucht zum optimalen Lauf einen dynamischen Zündzeitpunkt von ca. 34 vor oT. Dies entspricht bei unveränderter Fliehkraftverstellung und einem Sollverstellwinkel des Verteilers von 30 Grad einem statischen Zündzeitpunkt von ca. 4 Grad vor oT. Verteiler mit reduziertem Verstellwinkel sind prinzipiell dynamisch einzustellen, was ohnehin die exaktere Methode ist. Verteiler mit festgelegter Fliehkraft- und Unterdruckverstellung müssen statisch auf 34 Grad vor oT eingestellt werden.

Zündkerzen

Die Zündkerzen haben für jeden Motor einen bestimmten Wärmewert, der auf den Kerzenträgern eingeprägt ist. Da getunte Motoren meist eine höhere Brenntemperatur erreichen, sind in der Regel Zündkerzen mit höherem Wärmewert als

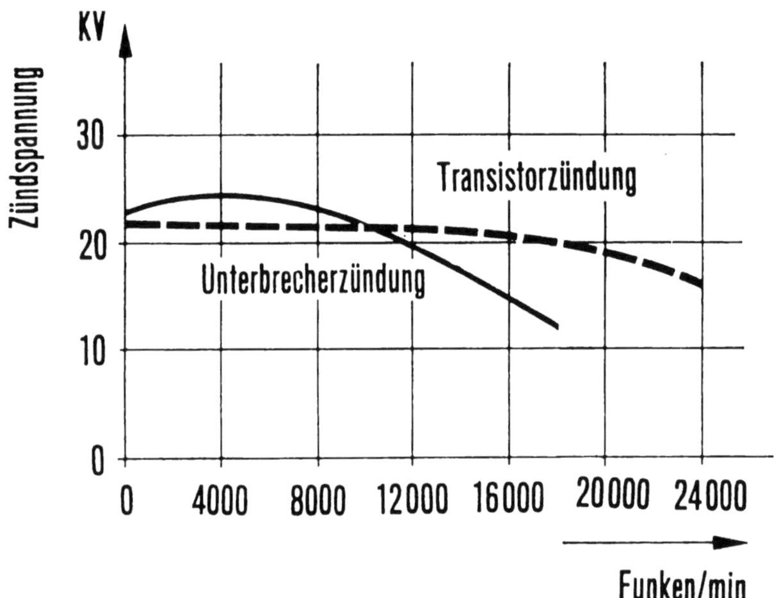

Aus diesem Diagramm geht der charakteristische Zündspannungsverlauf einer normalen Spulenzündung und einer kontaktgesteuerten Transistorzündung hervor. Es fällt auf, daß die Zündspannung bei der normalen Spulenzündung im oberen Drehzahlbereich absinkt, was eventuell zu Zündaussetzern führen könnte. Normale und auch getunte Opel-Motoren werden jedoch selten in einem so hohen Drehzahlbereich gefahren (über 7000 U/min, entsprechend 14 000 Funken/Min.), wo der Zündspannungsabfall bereits kritisch werden könnte. Nur Rennmotoren stoßen in kritische Bereiche vor, da unter Umständen Drehzahlen von ca. 8000 U/min realisiert werden.

die serienmäßigen notwendig. Zündkerzen mit zu hohem Wärmewert neigen jedoch bei niederen Drehzahlen zum Verrußen, zu niedriger Wärmewert verursacht Elektrodenabbrand und Schmelzperlen. Nach diesen Symptomen läßt sich der richtige Wärmewert ungefähr bestimmen.

Beim getunten 1100/1200er Motor kommen Zündkerzen mit Wärmewerten zwischen 240 und 260 in Frage (z. B. Bosch W 240 T 1). Die Verwendung von Platinkerzen, die einen erweiterten Wärmewertbereich haben, ist wegen des kurzen Gewindes nicht möglich.

Beim leistungsgesteigerten 1600/1900 Opel-Motor ist normalerweise ein Wärmewert von 225 ausreichend (Bosch W 225 T 1). Für stärker getunte Motoren (Rallyemotoren) ist ein höherer Wärmewert (240) zu empfehlen, bei Rennmotoren liegt der Wärmewert bei 260. Platinkerzen können nur beim 1600 S-Motor verwendet werden, dessen Zylinderkopf ein längeres Kerzengewinde aufweist. In diesem Fall kommen die Platin-

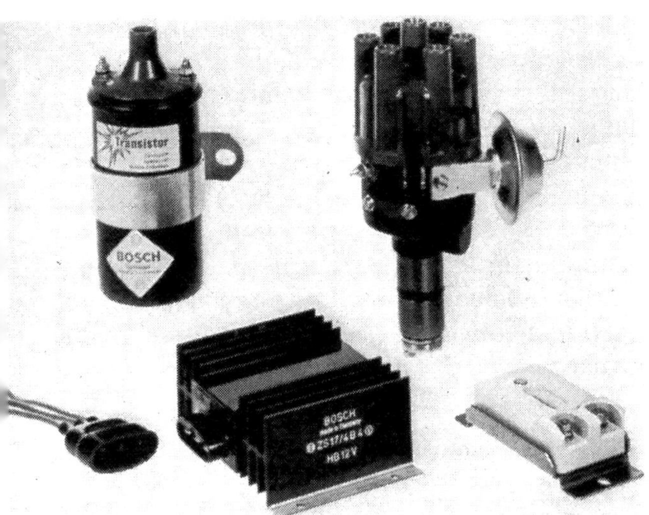

Kontaktgesteuerte Transistorzündanlagen bringen zwar auf dem Prüfstand keinen meßbaren Leistungszuwachs, doch bieten sie im allgemeinen Fahrbetrieb einige Vorteile, wie z. B. besseres Kaltstartverhalten, höhere Zündspannungsreserve bei hohen Drehzahlen usw. Diese Transistorzündanlage von Bosch besteht aus einer Zündspule mit Vorschaltwiderstand und dem Transistorschaltgerät. Ein besonderer Zündverteiler ist nicht notwendig, der Kondensator kann entfallen.

kerzen Bosch W 235 P 21 oder W 250 P 21 in Frage.

Auch die Zündkerzen sind, wie die Unterbrecherkontakte, Verschleißgegenstände und sollten regelmäßig ausgewechselt werden (etwa alle 15 000 km, Platinkerzen ca. alle 30 000 km). Zwischen diesen Erneuerungsintervallen sind die Zündkerzen auf ihren vorgeschriebenen Elektrodenabstand zu prüfen und notfalls nachzustellen.

Spezialzündanlagen

Transistor- und Kondensator-Zündungen werden in zunehmendem Maß für den nachträglichen Einbau angeboten. Beide Anlagen haben einen günstigeren Zündspannungsverlauf und entlasten die Unterbrecherkontakte. Leistungsvorteile konnten jedoch bei den kontaktgesteuerten Anlagen nicht gemessen werden, sie bieten lediglich einen geringeren Wartungsaufwand, da die Unterbrecherkontakte nicht so häufig nachgestellt werden müssen. Auch ist die Zündspannung beim Anlassen des Motors meist höher, so daß hiermit Anlaßschwierigkeiten behoben werden können. Ihr Einbau ist nicht unbedingt nötig, wenn die serienmäßige Zündanlage in Ordnung gehalten wird und wenn der Motor keine übermäßig hohen Drehzahlen erreicht. Erst ab 8000 U/min beginnt es hier (für Vierzylindermotoren) interessant zu werden. Lediglich bei Renn- oder Wettbewerbsmotoren (ab ca. 140 PS) kann eine kontaktgesteuerte Transistorzündanlage (Bosch) Vorteile bringen.

ZYLINDERKOPF

Kopfarbeit könnte man mit gutem Recht die Bearbeitung des Zylinderkopfes nennen, denn von ihr ist es in hohem Maße abhängig, wie gut ein Motor geht. Die leistungssteigernden Maßnahmen, die man am Zylinderkopf vornehmen kann, sind sehr zahlreich. Die Gaskanäle werden zwecks besserer Füllung erweitert und geglättet, die Brennräume – sofern möglich – umgestaltet, das Verdichtungsverhältnis erhöht, die Ventile bzw. Ventilsitze erfahren eine Feinbearbeitung, die Saugrohr- und Auspufflansche werden an den Zylinderkopf angepaßt u. a. m.

Am Zylinderkopf beginnt die Tuningarbeit im eigentlichen Sinne, ohne die andere Maßnahmen weitgehend sinnlos wären, außerdem ist der Leistungsgewinn bei einer guten Zylinderkopfbearbeitung oft beträchtlich. Da die Bearbeitung jedoch meist mit erheblichem Arbeitsaufwand verbunden ist, ist es günstiger, fertig bearbeitete Zylinderköpfe zu kaufen, sofern sie lieferbar sind. Der Austausch des „Spezialzylinderkopfes" gegen den serienmäßigen ist in der Regel relativ einfach.

Kanäle bearbeiten

Die Einlaß- und Auslaßkanäle werden wegen des größeren Durchsatzes erweitert, nach Möglich-

Die vier Einlaß- und Auslaßkanäle sitzen bei den Opel-Motoren (1,6 bis 1,9 Liter) auf einer Seite, wobei die Einlässe jeweils paarweise zusammengefaßt sind. Bei der Bearbeitung kann der rechteckige Querschnitt um ca. 1 mm erweitert werden.

keit begradigt und geglättet. Zu diesen Arbeiten benötigt man als wichtigstes Werkzeug eine biegsame Welle mit Antrieb und die entsprechenden Fräs- und Schleifeinsätze Da die in diesem Buch behandelten Opel-Motoren ausschließlich Zylinderköpfe aus Grauguß haben, ist die Bearbeitung sehr mühevoll. Eine Ausnahme bildet hier nur der für Rennmotoren vorgesehene Querstromzylinderkopf, der aus einer Aluminiumlegierung besteht. Allerdings fällt hier nur Polierarbeit an, denn die Kanäle sind bei diesem Zylinderkopf mehr als ausreichend bemessen.

Naturgemäß kommt den Einlaßkanälen die größere Bedeutung zu, da sie die Füllung stärker beeinflussen, als der Auslaß. Auf der Ventilseite sind die Einlaßkanäle der maximalen Weite des Ventilsitzes anzugleichen. Übergänge und störende Kanten sind zu beseitigen oder zu glätten. Auf der Saugrohrseite sind die Kanäle ebenfalls zu erweitern, wobei auf einwandfreien Übergang

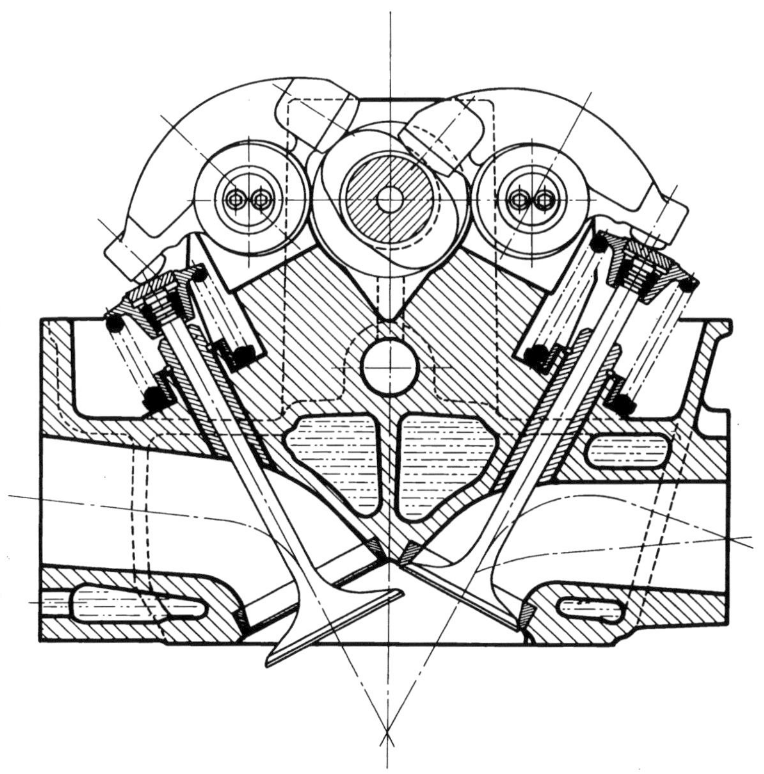

Einen Cross-Flow-Zylinderkopf modernster Konstruktion bietet Opel zum nachträglichen Aufbau für die großen Vierzylindermotoren an. Im Schnittbild sind die sehr großen Kanalquerschnitte und der günstige Verlauf der Kanäle gut zu erkennen. Die obenliegende Nockenwelle betätigt die Ventile über rollengelagerte Kipphebel. Eine nachträgliche Erweiterung der Kanäle ist nicht notwendig.

am Flansch zu achten ist. Dabei können die beiden Einlaßöffnungen des 1100/1200er Motors ohne Schwierigkeiten auf maximal 34 mm ⌀ vergrößert werden. Auf der Ventilseite müssen die Kanäle dann entsprechend der jeweiligen Ventilgröße aufgebohrt werden, d. h. bei dem für diesen Motor maximal möglichen Einlaßventil von 36 mm ⌀ ebenfalls auf knapp über 34 mm. Ventilsitzringe entfallen beim Graugußzylinderkopf, so daß die Ventilsitze direkt in das Material des Zylinderkopfes gefräst werden.

Auf die gleiche Weise ist beim Zylinderkopf der 1600/1900er Motoren zu verfahren. Allerdings sind hier insgesamt vier rechteckige Einlässe zu bearbeiten, die ringsum bis zu etwa 1 mm (also in Gesamthöhe und Gesamtbreite um jeweils 2 mm) erweitert werden können. Auf der Ventilseite ist wiederum die Größe der Ventile für die Erweiterung maßgebend.

Ebenso wie die Kanäle im Zylinderkopf sind die Ansaugrohre innen zu bearbeiten, wobei auf eine einwandfreie Anpassung am Flansch zum Zylinderkopf zu achten ist. Eine riefenfreie Feinbearbeitung des gesamten Einlaßtraktes ist anzustreben, doch kann auf eine ausgesprochene Politur verzichtet werden.

Auch die Auslaßkanäle sollten erweitert werden, störende Kanten im Kanal und am Krümmerflansch sind zu entfernen. Auf eine Feinbearbeitung kann man hier verzichten, die Ventilführungen sollten sicherheitshalber in ihrer vollen Länge erhalten bleiben.

Opel Cross-Flow (Querstrom) Zylinderkopf Einlaßseite.

Aus diesen Prinzipskizzen geht die unterschiedliche Bearbeitung von Einlaß- und Auslaßventil hervor.

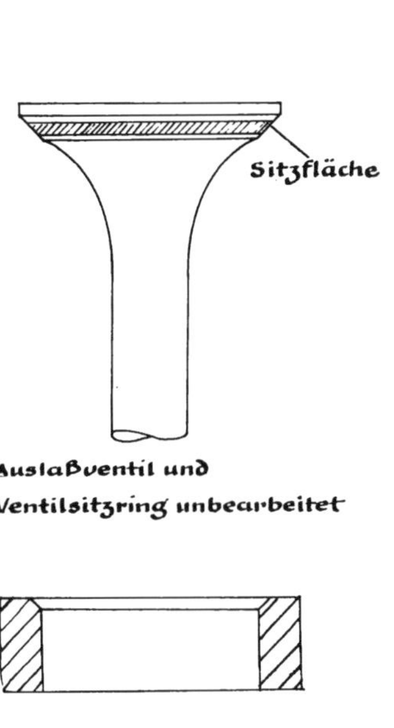

Auslaßventil und Ventilsitzring unbearbeitet

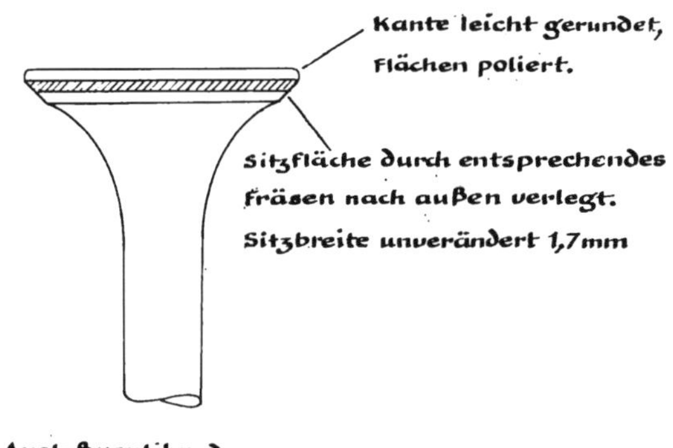

Auslaßventil und Ventilsitzring bearbeitet

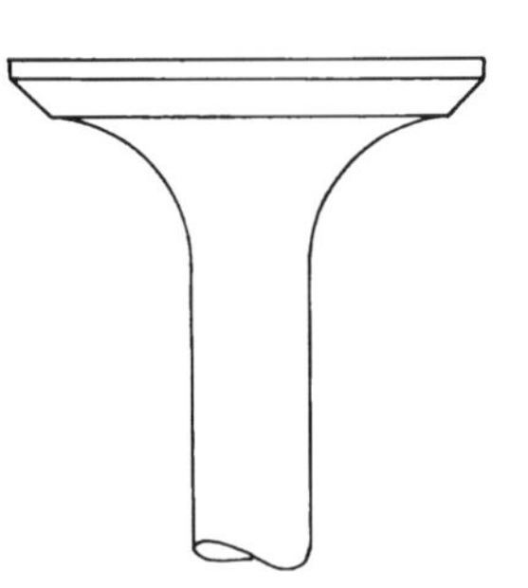

Einlaßventil und Ventilsitzring unbearbeitet

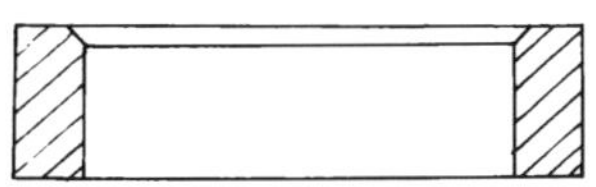

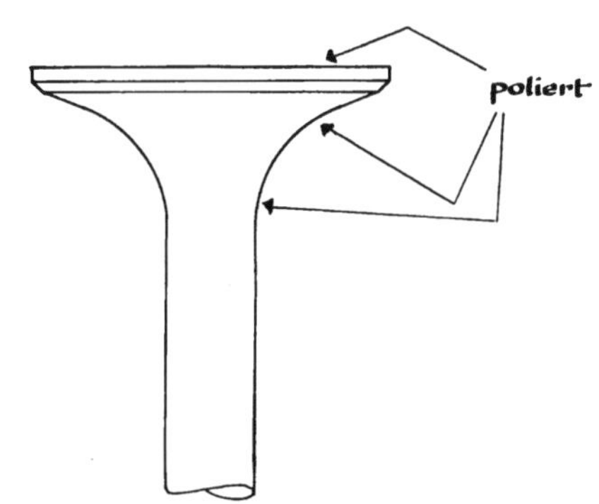

Einlaßventil und Ventilsitzring bearbeitet

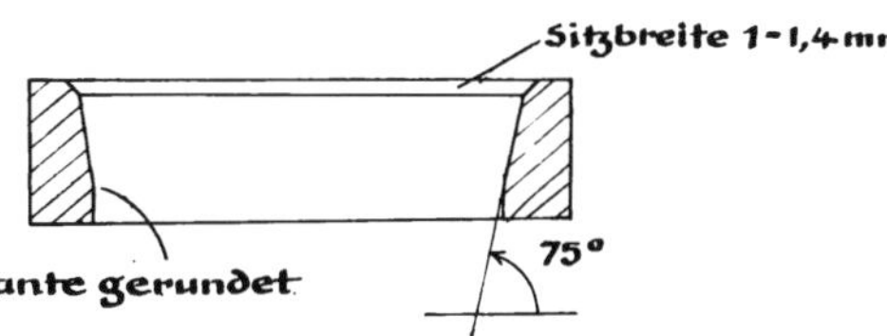

Ventile und Ventilsitze

Die Ventil- und Ventilsitzbearbeitung gilt grundsätzlich für alle Ventilgrößen. Es spielt also im Prinzip keine Rolle, ob nachträglich größere Ventile eingebaut wurden, was beim Opel-Motor ohne weiteres möglich ist. Auch bei dieser Maßnahme kommt es darauf an, dem durchströmenden Gas so wenig Widerstand wie möglich entgegenzusetzen, was man durch möglichst weite Querschnitte und durch die Feinbearbeitung der Ventile selbst erreicht. Die aus der Prinzipskizze ersichtlichen Arbeiten sind nur mit Spezialwerkzeugen möglich, wie sie Motorinstandsetzungsbetriebe, Spezialwerkstätten oder größere Vertretungen besitzen. Als minimale Ventilsitzbreiten kann man für die Einlaßseite ca. 1 bis 1,4 mm ansetzen, für die Auslaßseite sind mindestens 1,7 mm bis 2 mm nötig. Der eigentliche Ventilsitz ist bei beiden Ventilen so weit wie möglich nach außen zu verlegen, so daß sein Außendurchmesser dem Ventildurchmesser entspricht. Dies erreicht man durch eine Erweiterung des Ventilsitzes bzw. Sitzringes mit Spezialfräsern. Eine Feinbearbeitung (polieren) der Einlaßventile ist vorteilhaft, während man bei den Auslaßventilen darauf verzichten kann.

Unter Berücksichtigung der Tatsache, daß die Kanalgröße den Ventildurchmessern angepaßt werden, sind folgende Ventilgrößen möglich.

Dieser Satz größerer und bearbeiteter Ventile ist für einen Serienzylinderkopf bestimmt.

Ventilgröße	Serie	Möglich
1100/1200 ccm	E: 32 mm; A: 27 mm	E: 36 mm; A: 27 mm
1600 ccm	E: 38 mm; A: 34 mm	E: 42 mm; A: 38 mm
1900 ccm	E: 40 mm; A: 34 mm	E: 44 mm; A: 40 mm
Querstromkopf	E: 48 mm; A: 41 mm	– –

Verdichtungsverhältnis und Brennraum

Ein höheres Verdichtungsverhältnis bringt, wie wir bereits wissen, eine Leistungssteigerung durch den höheren Verbrennungsdruck und den günstigeren thermischen Wirkungsgrad. Andererseits kann diese Maßnahme einen Motor wesentlich stärker belasten, so daß eine deutliche Erhöhung des Verdichtungsverhältnisses einen einwandfreien Zustand des gesamten Triebwerks voraussetzt.

Maßgebend für die Höhe des Verdichtungsverhältnisses ist die Größe des Brennraumvolumens bei der Stellung des Kolbens im oberen Totpunkt (oT). Brennraum und Verdichtungsverhältnis stehen also in engem Zusammenhang, denn je kleiner das Brennraumvolumen ist, um so höher ist das Verdichtungsverhältnis. Diese Verkleinerung des Brennraumes kann man zum Teil durch höhere Kolben erreichen.

Auf relativ einfache Weise läßt sich bei Opel-Motoren eine Verringerung des Brennraumvolumens durch Abfräsen der Zylinderkopfunterseite erzielen.

So läßt sich das Verdichtungsverhältnis der 1100/1200er Motoren durch entsprechendes Abfräsen auf 11:1 erhöhen. Um wieviel jeweils abgefräst werden muß, kann durch eine Überschlagrechnung unter Zugrundelegung des serienmäßigen Brennvolumens, des serienmäßigen Verdichtungsverhältnisses und des gewünschten Verdichtungsverhältnisse mit Hilfe der auf Seite 30 befindlichen Formel ungefähr ermittelt werden. Als Anhaltswert kann man für von Haus aus hoch verdichtete Motoren (SR-Motor, 1200er Motor) maximal 1 mm annehmen, bei niedriger verdich-

Die Wannenbrennräume im Zylinderkopf des 1100/1200er Motors sollten nach der Bearbeitung exakt ausgelitert werden, um unterschiedliches Verdichtungsverhältnis der einzelnen Zylinder zu vermeiden. Eine Politur der Oberfläche bzw. riefenfreie Bearbeitung ist vorteilhaft, jedoch nicht unbedingt notwendig.

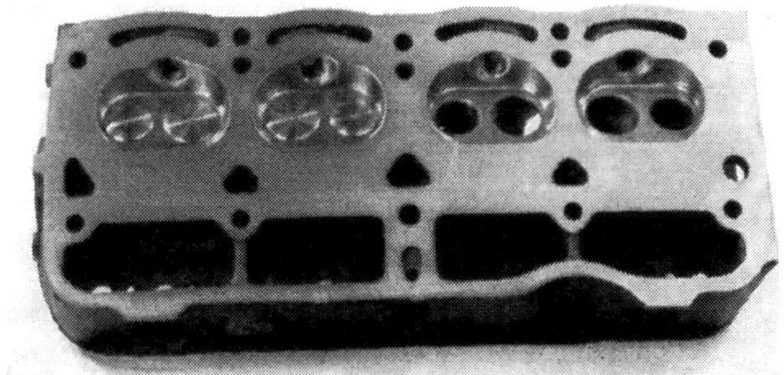

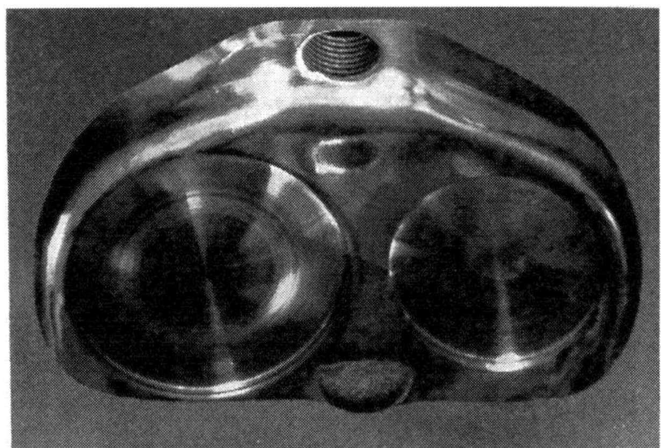

teten Motoren (1100 ccm, 50 PS) kann mehr (bis zu 1,8 mm) abgefräst werden.
Beim 1600/1900er Motor liegen die Dinge ähnlich. Das Verdichtungsverhältnis läßt sich bei diesen Motoren durch Abfräsen um maximal 1,2 mm auf ca. 10:1 bringen (mit Serienkolben). Zu beachten ist, daß der H-Zylinderkopf (seitlich gekennzeichnet mit einem H wie „high compression", serienmäßig im GT- und Sprintmotor) bereits von Haus aus stärker abgefräst ist. Er darf nur um maximal 0,5 mm abgefräst werden. Prinzipiell könnte das Verdichtungsverhältnis durch Abfräsen noch weiter gesteigert werden, doch besteht dann die Gefahr, daß die nun zu lose werdende Steuerkette (Antrieb der im Zylinderkopf liegenden Nockenwelle) bei ungünstigen Betriebszuständen überspringt, was unangenehme Folgen haben kann.
Für höhere Verdichtungsverhältnisse als 10:1 empfehlen sich darum geschmiedete Spezialkolben mit höherem Kolbenboden, wie sie Irmscher und Steinmetz im Programm haben. Mit solchen Kolben ist ein Verdichtungsverhältnis bis 11:1 realisierbar, in Sonderfällen auch darüber. Ein solcher Sonderfall ist der Zylinderkopf des 1600

In den Wannenbrennräumen der serienmäßigen Zylinderköpfe der 1,6/1,9 Liter-Opelmotoren (oben serienmäßig, Mitte bearbeitet und poliert) lassen sich nur begrenzte Ventilquerschnitte unterbringen. Geschmiedete Spezialkolben (unten rechts) zur Erhöhung des Verdichtungsverhältnisses sind erhältlich. Der zweite Schmiedekolben (unten links) ist für einen Querstromzylinderkopf bestimmt, was aus der Lage der eingefrästen Ventiltaschen hervorgeht.

S-Motors, der von Haus aus einen kleineren Wannenbrennraum besitzt. Der Kopf ist durch drei (statt zwei) Gußrippen an der Stirnseite gekennzeichnet. Prinzipiell paßt dieser Zylinderkopf auch auf den 1900er Motor und bietet auf Grund seiner kleineren Brennräume eine günstigere Ausgangsbasis. Da er außerdem lange Zündkerzengewinde aufweist, gestattet er die Verwendung von Platinzündkerzen.

Besonders zu beachten ist bei allen abgefrästen Zylinderköpfen, daß die Nockenwelle nach der Montage in ihrer Einstellung durch Versetzen des Nockenwellensteuerrades entsprechend den Steuerzeiten korrigiert werden muß.

Eine Nachbearbeitung der Brennräume ist bei hohen Verdichtungsverhältnissen in jedem Fall zu empfehlen, um für alle Zylinder gleiche Brennraumvolumen zu erzielen. Außerdem ist es

Durch V-förmige Stellung und Versatz der Ventile lassen sich im Opel-Querstromzylinderkopf sehr große Ventilquerschnitte realisieren. Der Brennraum ist als abgeflachte Halbkugel ausgebildet.

zweckmäßig – und bei größeren Ventilen unbedingt notwendig – den Brennraum dort, wo er um das Einlaßventil herumläuft, bis zum Kerzenloch hin zu erweitern, um Platz für das einströmende Frischgas zu schaffen.

Nach all diesen Arbeiten sollten die Brennräume im Zylinderkopf mit Flüssigkeit ausgelitert werden, um ihr Volumen festzustellen. Danach sollten die Brennräume in ihrem Volumen dem größten Brennraum angeglichen werden. Eine abschließende Feinbearbeitung der Oberfläche kann nicht schaden.

Abweichend vom Wannenbrennraum der Serienmotoren besitzt der Querstromzylinderkopf einen halbkugelförmigen Brennraum. Da der Querstromkopf nur mit entsprechenden Spezialkolben gefahren wird, muß die Brennraumform den jeweiligen Kolben angeglichen werden. Ein Verdichtungsverhältnis von maximal 11:1 ist realisierbar. Es muß jedoch erwähnt werden, daß die Montage bzw. der Umbau auf Querstromzylinderkopf ausschließlich professionellen Tunern vorbehalten bleiben sollte, da hierbei erhebliche Arbeiten und Probleme anfallen. Der Aufwand geht über einen herkömmlichen Zylinderkopfwechsel bei weitem hinaus, da vom Motor praktisch nur Block und Kurbeltrieb verwendet werden können.

Abschließend sei noch darauf hingewiesen, daß Motoren mit höherem Verdichtungsverhältnis unbedingt eine verstärkte Zylinderkopfdichtung benötigen, die bei Irmscher oder Steinmetz bezogen werden kann.

VENTILTRIEB UND NOCKENWELLE

Der Ventiltrieb und die Nockenwelle spielen bei allen Betrachtungen leistungssteigernder Maßnahmen eine tragende Rolle. Nicht nur, daß die maximal mögliche Motordrehzahl durch die Konstruktion und Ausführung des Ventiltriebes beschränkt wird, auch die Leistungscharakteristik und die Füllung eines Motors wird durch die Nockenwelle als Steuerelement des Gaswechsels weitgehend bestimmt. Tuningmaßnahmen auf diesem Sektor zielen also dahin, den Ventiltrieb drehzahlfester zu machen und mit Hilfe einer anderen Nockenwelle eine Füllungsverbesserung bei hohen Drehzahlen zu erreichen.

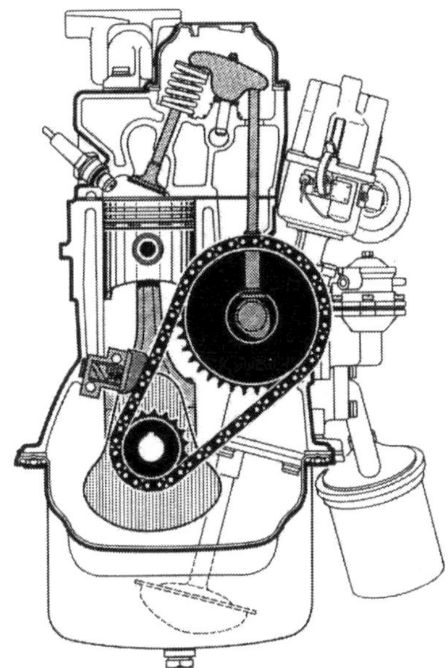

Trotz untenliegender Nockenwelle ist der Ventiltrieb der 1100/1200er Motoren für hohe Drehzahlen geeignet. Die bewegten Massen sind gering und die Nockenwelle ist im Zylinderblock relativ weit oben angeordnet.

Ventiltrieb drehzahlfester machen

Die Drehzahlfestigkeit des Ventiltriebes ist durch seine Bauart und die dadurch bedingten bewegten Massen und ihre Beschleunigung (abhängig von der Nockenform und der Drehzahl) bestimmt. Je geringer die bewegten Massen eines Ventil-

Über Stößel und gepreßte Blechkipphebel werden die parallel hängenden Ventile der 1,6/1,9 Liter-Opelmotoren betätigt.

triebes und je kleiner ihre Beschleunigung ist, umso höher sind die erreichbaren Drehzahlen. In keinem Fall dürfen jedoch die durch die Bewegung der Ventiltriebsteile auftretenden Massenkräfte die zum Schließen der Ventile notwendige Federkraft übersteigen, da sonst ein einwandfreier Gaswechsel nicht mehr gewährleistet ist und durch das „Flattern" der Ventile ernsthafte Motorschäden entstehen können.

Aus diesen Überlegungen resultiert, daß Motoren mit obenliegenden Nockenwellen (ohc) vom Prinzip her höhere Drehzahlen erreichen können als Motoren mit seitlich oder unten liegenden Nockenwellen (ohv), die größere Ventiltriebmassen (mehr Teile) zu bewegen haben. Allerdings spielt auch die Motorgröße eine Rolle. So wird es erklärlich, daß der kleine Kadett-Motor, obwohl seine Ventile über Stößel, Stoßstangen und Kipphebel betätigt werden, höhere Drehzahlen erreichen kann, als die 1600/1900er Motoren mit ohc-Ventiltrieb. Freilich ist der ohc-Ventiltrieb der Opel-Motoren nicht gerade auf allerhöchste Drehzahlen ausgelegt, da die im Zylinderkopf liegende Nockenwelle über relativ schwere Stößel und Kipphebel die Ventile betätigt. Günstiger liegen hier die Verhältnisse beim Querstromzylinderkopf, wo die zentral im Zylinderkopf liegende Nockenwelle direkt auf die Kipphebel einwirkt.

Die einfachste Methode, um mit einem gegebenen Ventiltrieb höhere Drehzahlen zu erzielen, ist eine Erhöhung der Federkraft. Dies kann entweder durch härtere Ventilfedern geschehen oder durch Unterlegen der vorhandenen Ventilfedern mit Scheiben. Die bessere und sicherere Methode ist in jedem Fall die Verwendung von Spezial-Ventilfedern, wie sie für alle Opel-Vierzylindermotoren von den Tuningfirmen angeboten werden. Mit härteren Spezialventilfedern und der Nockenwelle des 1100 SR-Motors liegen die Drehzahlgrenzen bei ca. 7400 U/min, beim 1600/1900er Motor kann die Drehzahlgrenze durch Spezialventilfedern oder Unterlegen von 6200 U/min auf ca. 6500 U/min (mit der Seriennokkenwelle) gesteigert werden. Mit Spezialnockenwellen sind bei diesem Motor noch höhere Drehzahlen realisierbar.

Eine Erleichterung der Ventiltriebsteile ist beim 1100/1200er Motor nicht nötig. Zu empfehlen ist das Entgraten der Blechkipphebel und das Verstiften der Kipphebelbolzen.

Auch beim 1600/1900er Motor empfiehlt sich ein Entgraten der Blechkipphebel und eine Politur an besonders bruchgefährdeten Stellen. Hydrostößel (Amerikaausführung) sind gegen mechanische Stößel auszutauschen; Erleichterungsmöglichkeiten bestehen nicht.

Nockenwelle und Steuerzeiten

Wie schon erwähnt, ist die Form der Nocken für den Zeitpunkt, die Zeitdauer und die Art der Ventilerhebung (Öffnung) ausschlaggebend. Die Ventilerhebung und die sich daraus ergebenden Öffnungsquerschnitte sind wiederum für die Füllung eines Motors und damit für die Leistung von großer Bedeutung. Das Ziel einer „schnellen"

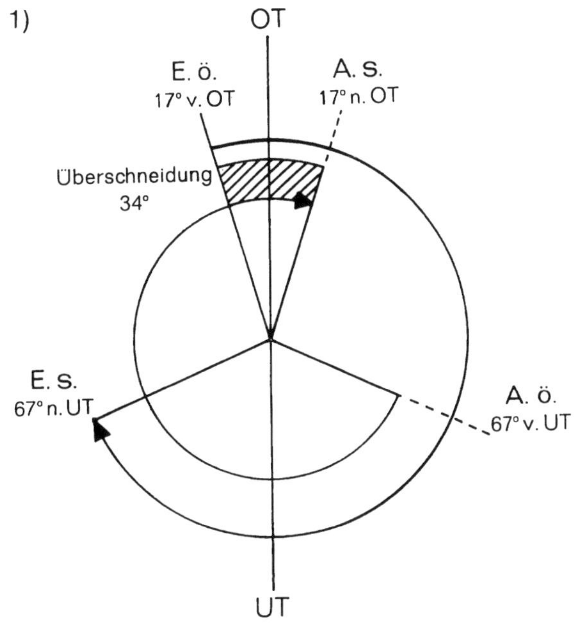

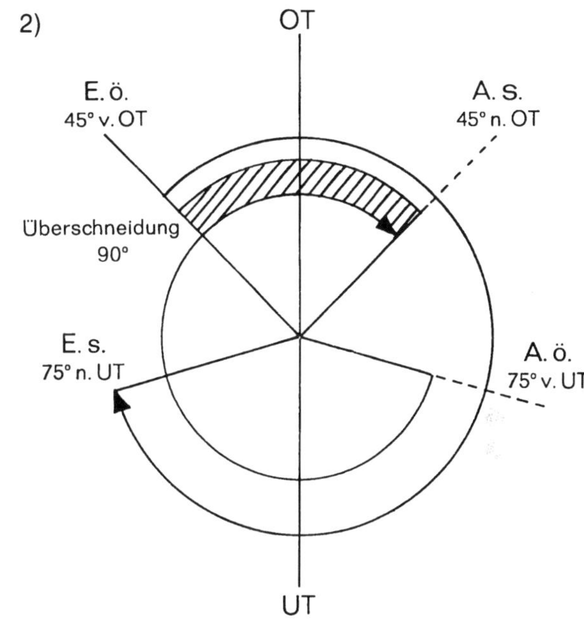

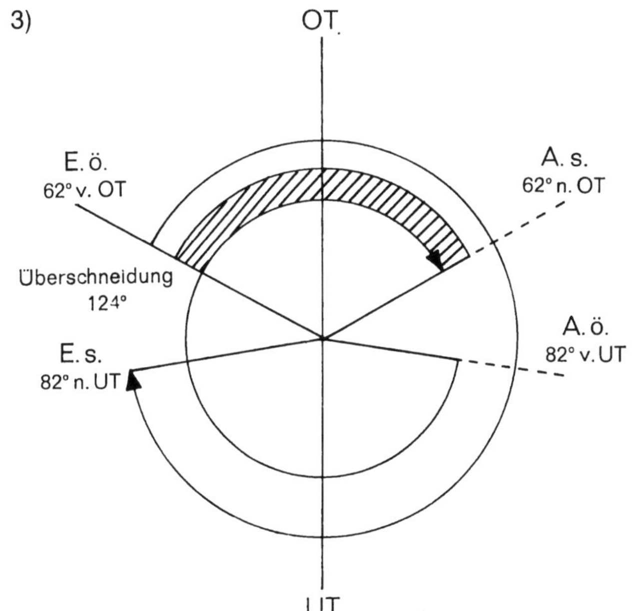

1) In diesem Diagramm sind die Öffnungswinkel der Einlaß- und Auslaßventile unter Zugrundelegung der serienmäßigen Nockenwelle eingezeichnet. Man kann sich so leichter vorstellen, wann welches Ventil öffnet bzw. schließt und wo Überschneidung vorliegt.

2) Das Steuerwinkel-Diagramm für die 300-Grad-Nockenwelle. Die Überschneidung beträgt hier 90 Grad, die Öffnungswinkel liegen bei 300 Grad.

3) Die als Renn-Nockenwelle bekannte 324-Grad-Nockenwelle hat eine sehr große Überschneidung von 124 Grad. Aus diesem Grund läuft der Motor in niederen Drehzahlbereichen nicht mehr sauber. Diese Nockenwelle ist für den Straßenbetrieb nicht zu empfehlen.

Nockenwelle ist also immer, einen größeren Gasdurchsatz bzw. eine bessere Füllung bei höheren Drehzahlen zu erreichen und diese Drehzahlen gefahrlos zu ermöglichen. Den größeren Gasdurchsatz verwirklicht man zum Teil durch längere Öffnungszeiten (Steuerzeiten) oder auch durch größeren Ventilhub.

Mit den sogenannten Steuerzeiten sind Öffnungszeit und Öffnungsdauer der Einlaß- und Auslaßventile festgelegt. Sie werden prinzipiell in Grad Kurbelwinkel angegeben, da ja die Nockenwelle von der Kurbelwelle angetrieben wird und mit halber Kurbelwellendrehzahl läuft. Der Öffnungs- bzw. Schließzeitpunkt der Ventile liegt jeweils einige Winkelgrade vor, bzw. nach den jeweiligen Totpunkten. Mit anderen Worten, das Einlaßventil öffnet bereits einige Grade vor dem oberen Totpunkt (OT), und schließt auch einige Grade nach dem unteren Totpunkt (UT), um die kinetische Energie der einströmenden Gase auszunutzen. Beim Auslaßventil ist es umgekehrt. Man öffnet es bereits mehrere Grade vor dem UT, weil dadurch kaum Leistung verlorengeht, um es beim eigentlichen Auspuffhub, wenn der Kolben nach oben geht, weit offen zu haben. Es schließt normalerweise wenige Grade nach Erreichen des OT, während das Einlaßventil schon begonnen hat, sich für den Saughub zu öffnen (siehe auch Diagramm).

Diesen Vorgang, bei dem das Einlaßventil schon vor dem Schließen des Auslaßventils öffnet, bezeichnet man als Überschneidung. Man mißt die Überschneidung ebenfalls in Grad Kurbelwinkel. Prinzipiell sind für große Öffnungsquerschnitte weite Öffnungswinkel (Steuerzeiten) und damit große Überschneidungen notwendig. Die größeren Öffnungswinkel ermöglichen auch höhere Drehzahlen, da für den ganzen Vorgang mehr Zeit zur Verfügung steht, was die Beschleunigungskräfte verringert.

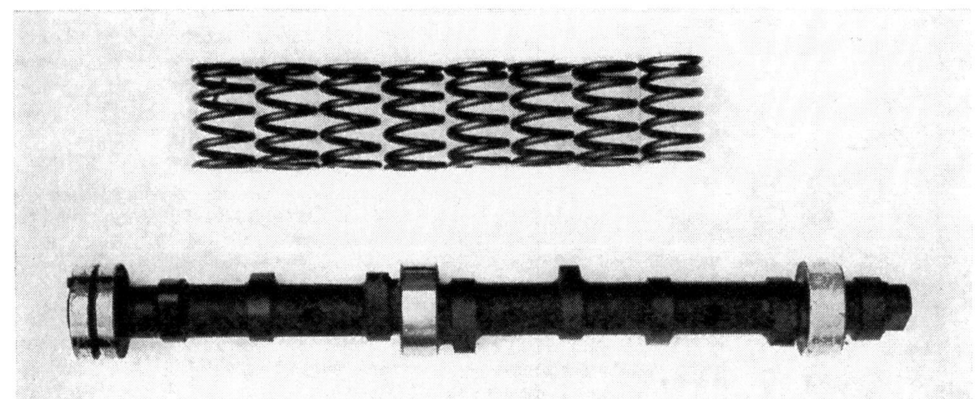

Spezialnockenwellen mit den dazugehörigen Ventilfedern sind für alle Opel-Vierzylindermotoren bei den Tuning-Firmen Fischer und Steinmetz erhältlich.

Ventilsteuerzeiten	E. ö. ° v. OT	E. s. ° n. UT	A. ö. ° v. UT	A. s. ° n. OT	Über-schnei-dung	Öffnungs-winkel	Ventilhub mm
1200 S-Motor bzw. 1100 SR bzw. 1100 S	46°	90°	70°	30°	76°	E: 316° A: 280°	10,3
1100/50 PS-Motor bzw. 1100/45 PS	44°	88°	78°	40°	84°	E: 312° A: 298°	9,2

Große Ventilüberschneidungen und Öffnungswinkel haben jedoch auch Nachteile. Sie verlagern die Motorleistung in hohe Drehzahlbereiche und verringern die Elastizität. Auch die Leerlaufqualitäten werden schlechter, so daß die Alltagstauglichkeit zum Teil stark geschmälert wird. Aus diesem Grund sollte man zu sportliche Nockenwellen nur für Wettbewerbe benutzen, für den Alltagsbetrieb muß man auf Kosten der Spitzenleistung Kompromisse eingehen, so daß oft schon die Seriennockenwelle eine brauchbare Lösung ist. Im Falle der kleinen Kadett-Motoren hat sich ohnehin erwiesen, daß die Serien-Nokkenwelle des SR-Motors auch im Falle weitgehender Tuningmaßnahmen ein Optimum darstellt. Diese Nockenwelle wurde auch im 1,2 Liter S-Motor beibehalten und war auch im 1,1 Liter S-Motor (55 PS) zu finden. Der 1100er mit 50 PS (bzw. der alte 1100er mit 45 PS) haben serienmäßig eine „zahmere“ Nockenwelle. In der Tabelle sind die Steuerzeiten der verschiedenen Motoren. Dabei haben die Abkürzungen folgende Bedeutungen: E. ö. bzw. A. ö.: Einlaß bzw. Auslaß öffnet; E. s. bzw. A. s.: Einlaß bzw. Auslaß schließt. OT und UT bedeuten oberer und unterer Totpunkt.

Nachdem beim kleinen Kadett-Motor die Nokkenwellenfrage zu Gunsten der Serien-Nocken-

Größere Ventile und härtere Ventilfedern sind wesentliche Voraussetzungen für eine Füllungsverbesserung und Drehzahlsteigerung.

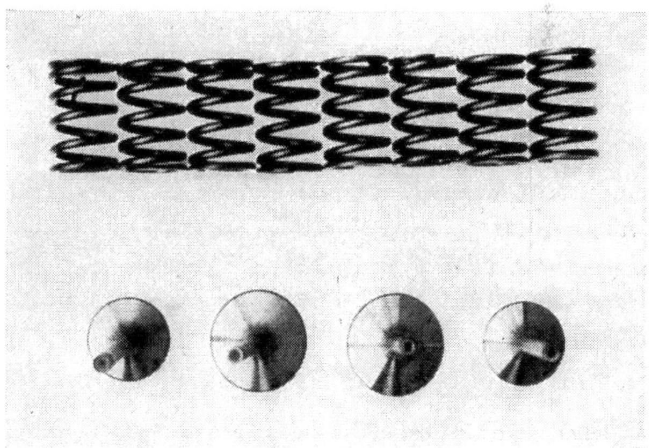

welle des 1200er Motors (bzw. 1100 S/SR) geklärt ist – was letzten Endes Geld und große Experimente erspart – können wir uns jetzt dem großen Opel-Vierzylindermotor zuwenden, der hinsichtlich der Nockenwelle wesentlich mehr Möglichkeiten bietet.

In der Serie jedoch haben die großen Vierzylinder – egal ob 1600/1600 S oder 1900 S – die gleiche Nockenwelle, die ihr Leistungsmaximum knapp über 5000 U/min hat und nicht für hohe Drehzahlen (maximal ca. 6200 U/min) ausgelegt ist. Spezialnockenwellen waren für höhere Leistungssteigerungen unerläßlich und sowohl die Firma Irmscher als auch Steinmetz haben diverse Nockenwellen für Straßen und Rennen im Programm. Außerdem ist zu beachten, daß der Querstromzylinderkopf eine völlig andere Nockenwelle benötigt. Hier stehen außer der von Opel entwickelten „Querstrom-Nockenwelle“ zwei Spezialentwicklungen von Steinmetz und Irmscher zur Wahl (Irmscher gibt keine Steuerzeiten an).

Für den Straßen- und Rallyebetrieb sehr gut geeignet sind die Nockenwellen ST 13 und I 6, wobei vor allen Dingen die ST 13 im unteren Drehzahlbereich einen guten Leistungsverlauf bietet, während die I 6 Nockenwelle besser für den 1,6-Liter Motor geeignet sein soll. Beide Nockenwellen sollten jedoch mit Spezial-Ventilfedern mit erhöhter Schließkraft montiert werden. Die Nenndrehzahl, d. h. die Drehzahl der maximalen Leistung, liegt mit der ST 13 bei etwa 5800 U/min, die Drehzahlgrenze bei ca. 7000 U/min. Ähnlich liegen die Verhältnisse mit der I 6-Nockenwelle. Die ST 4-Nockenwelle ist – ebenso wie die Irmscher-Renn-Nockenwelle – ausschließlich für den Rennbetrieb gedacht. Die Nennleistung mit der ST 4 wird bei etwa 7000 bis 7200 U/min erreicht,

Ventilsteuerzeiten	E. ö. v. OT	E. s. n. UT	A. ö. v. UT	A. s. n. OT	Überschneidung	Öffnungswinkel	Ventilhub mm
Serie (R 9)	44°	86°	84°	46°	90°	310°	9,8
Steinmetz ST 13	32°	89°	80°	56°	88°	301/316°	10,65
Irmscher I 6 *	28°	68°	68°	28°	56°	276°	11,7
Steinmetz ST 4	54°	94°	94°	54°	108°	328°	12,4
Opel Querstrom-NW	68°	72°	72°	68°	136°	320°	11,0
Steinmetz Querstrom-NW	54°	88°	88°	54°	108°	322°	12,5

* Steuerzeiten sind bei etwas größerem Ventilspiel gemessen, daher kleinere Werte.

die Grenzdrehzahl liegt bei 7600 U/min. Auch hier Spezialventilfedern. Für den Querstrom-Zylinderkopf schließlich gibt es nur für den Rennbetrieb konzipierte Nockenwellen. Die Drehzahlgrenze der Steinmetz-Querstromnockenwelle liegt – mit sehr harten Federn – bei ca. 8000 U/min, die Nennleistung wird bei ca. 7400 U/min abgegeben.

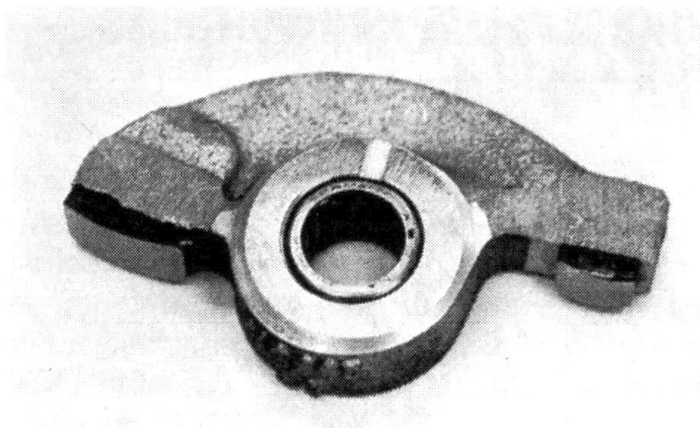

Über rollengelagerte Kipphebel werden die Ventile beim Opel-Querstrom-Zylinderkopf betätigt.

Die zentral in fünf Böcken gelagerte Nockenwelle des Opel-Querstrom-Zylinderkopfes betätigt die V-förmig hängenden Ventile über rollengelagerte Kipphebel. Das Ventilspiel wird durch Einlegen verschieden hoher Plättchen korrigiert.

KURBELTRIEB, SCHWUNGRAD UND KOLBEN

Die Bearbeitung der oben genannten Teile erfordert einen tiefgehenden Eingriff in das Innenleben des Motors. Diese Tuningarbeiten kommen darum nur für solche Motoren in Frage, die einer größeren Leistungssteigerung unterzogen werden sollen. Das Ziel aller Maßnahmen ist in allen Fällen eine Erleichterung der bewegten Teile des Motors (rotierende und oszillierende Massen) bzw. ihre Gewichtsangleichung, um höhere Drehzahlen mit geringeren Reibungsverlusten erreichen zu können. Gleichzeitig kann eine sinnvolle Bearbeitung bestimmter Teile eine Erhöhung der Betriebssicherheit bringen.

Massen erleichtern

Zu den oszillierenden (hin- und hergehenden) Massen zählen Kolben, Kolbenbolzen und ein Teil – ca. 25 bis 30 Prozent – des Pleuelgewichts. Eine Gewichtsreduzierung dieser Teile bedeutet also, daß man die bei hohen Drehzahlen so unbeliebten Massenkräfte verringert, was eine geringere Belastung des Triebwerks (Lager) und kleinere Reibverluste zur Folge hat. Bei dieser Gelegenheit sollten Kolben, Kolbenbolzen und Pleuel untereinander auf gleiches Gewicht gebracht werden, um unterschiedliche Lagerbelastungen zu vermeiden. Dabei richtet man sich zweckmäßigerweise nach den jeweils leichtesten Teilen und gleicht die übrigen im Gewicht an. Eine Feinbearbeitung (Polieren) der Pleueloberfläche kann hinsichtlich der Dauer-

Der Kurbeltrieb der 1,6/1,9-Liter-Motoren ist mit seiner fünffach gelagerten Kurbelwelle auch für große Leistungssteigerungen geeignet. Bei Verwendung qualitativ hochwertiger Lager treten keinerlei Probleme auf.

Getunte Opel-Motoren mit hohem Drehzahlniveau erfordern die Verwendung bearbeiteter und erleichterter Pleuel, die von den Tuningfirmen Steinmetz und Irmscher angeboten werden.

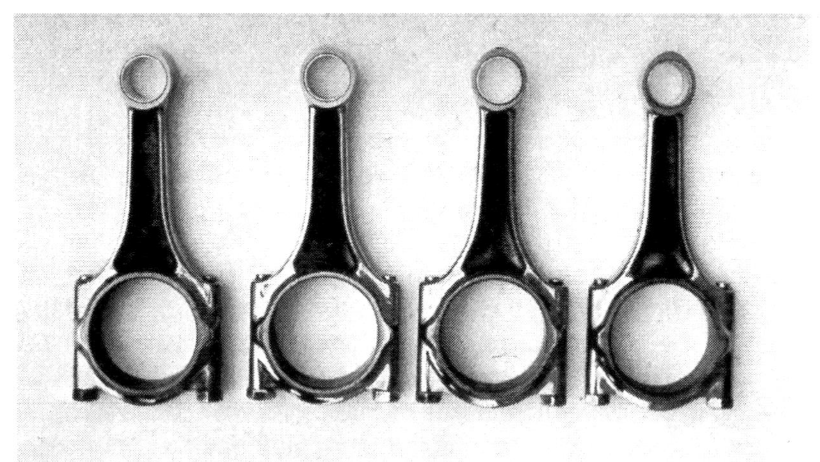

Die fünffach gelagerte Kurbelwelle der 1,6/1,9 Liter-Motoren verfügt über vier Gegenwichte zum Massenausgleich. Nacharbeiten an der Kurbelwelle sind nicht notwendig. Bei Verwendung einer anderen Kupplung und eines erleichterten Schwungrades ist das Nachwuchten der gesamten Einheit zu empfehlen.

festigkeit Vorteile bringen. Oft genügt es, die Pleuel an der Oberfläche ihres T-Profils zu polieren, was vom Arbeitsaufwand her eher vertretbar ist. Auch ein getrenntes Auswiegen des rotierenden und oszillierenden Pleuelteils ist nicht unbedingt nötig, es genügt normalerweise, wenn die Pleuel auf gleiches Gesamtgewicht gebracht werden.
Eine Erleichterung der rotierenden Massen dient vor allen Dingen der Lebendigkeit des Motors, der dadurch wesentlich schneller auf hohe Drehzahlen kommt. Auch die effektive Beschleunigung des Wagens wird dadurch verbessert. Den größten Anteil der rotierenden Massen bilden Kurbelwelle, Schwungrad und Kupplung. Eine wesentliche Erleichterung der Kurbelwelle ist in der Regel nicht möglich und auch vom Arbeitsaufwand her nicht zu empfehlen. In Bezug auf die Gewichtserleichterung ergiebiger sind hier Schwungrad und Kupplung.

Kurbelwelle und Pleuel

Die dreifach gelagerte Kurbelwelle der 1100/1200er Opel-Motoren ist ohne weiteres in der Lage, auch höhere Leistungen zu verkraften, wobei die Belastbarkeitsgrenze bei ca. 90 bis 100 PS liegen dürfte. Erleichterungen an der Kurbelwelle sind nicht notwendig, doch wird für stärker getunte Motoren exaktes Auswuchten empfohlen. Bei dieser Gelegenheit – wenn die Kurbelwelle ohnehin ausgebaut wird – sollten die Serienlager gegen hochwertige Glyco Dreistofflager ausgewechselt werden, die für höhere Belastungen geeignet sind.
Die fünffach gelagerte Kurbelwelle der großen Opel-Vierzylinder ist reichlich dimensioniert und verkraftet ohne Schwierigkeiten – im Rennmotor – Leistungssteigerungen von über 100 Prozent. Wie bei den kleinen Opel-Motoren haben auch die großen Vierzylinder (1600/1900) alle die gleiche Kurbelwelle. Auch hier empfiehlt sich bei höheren Leistungsstufen das Auswuchten der Kurbelwelle und als zusätzliche Maßnahme das Nitrieren (Härten der Oberfläche). Die Serienlager sollten gegen die bessere Qualität GM 400 ausgetauscht werden. Für Rennmotoren empfehlen sich ebenfalls Glyco-Dreistofflager.
Die Pleuel der großen Opel-Vierzylinder können bis zu 100 Gramm erleichtert werden, was bei Wettbewerbsmotoren unbedingt genutzt werden sollte. Bei dieser Gelegenheit sollte gleiches Gewicht angestrebt werden. Für Rennmotoren ist eine Oberflächenbearbeitung sicherlich nützlich. Komplett bearbeitete und erleichterte Pleuel bieten die Tuningfirmen Steinmetz und Irmscher an. Als Pleuellager sollten auch hier die hochwertigen Lager GM 400, oder (bei Rennmotoren) Glyco-Dreistofflager Verwendung finden. Außerdem ist die Festlagerung des Kolbenbolzens im Pleuel für höhere Leistungsstufen (Rennmotoren) von Nachteil. Spezialpleuel mit einer Laufbüchse für schwimmende Kolbenbolzenlagerung und die entsprechenden Kolben führt Steinmetz in seinem Programm.
Die Pleuel des 1100/1200er Motors lassen sich ebenfalls um ca. 40 Gramm erleichtern, wobei

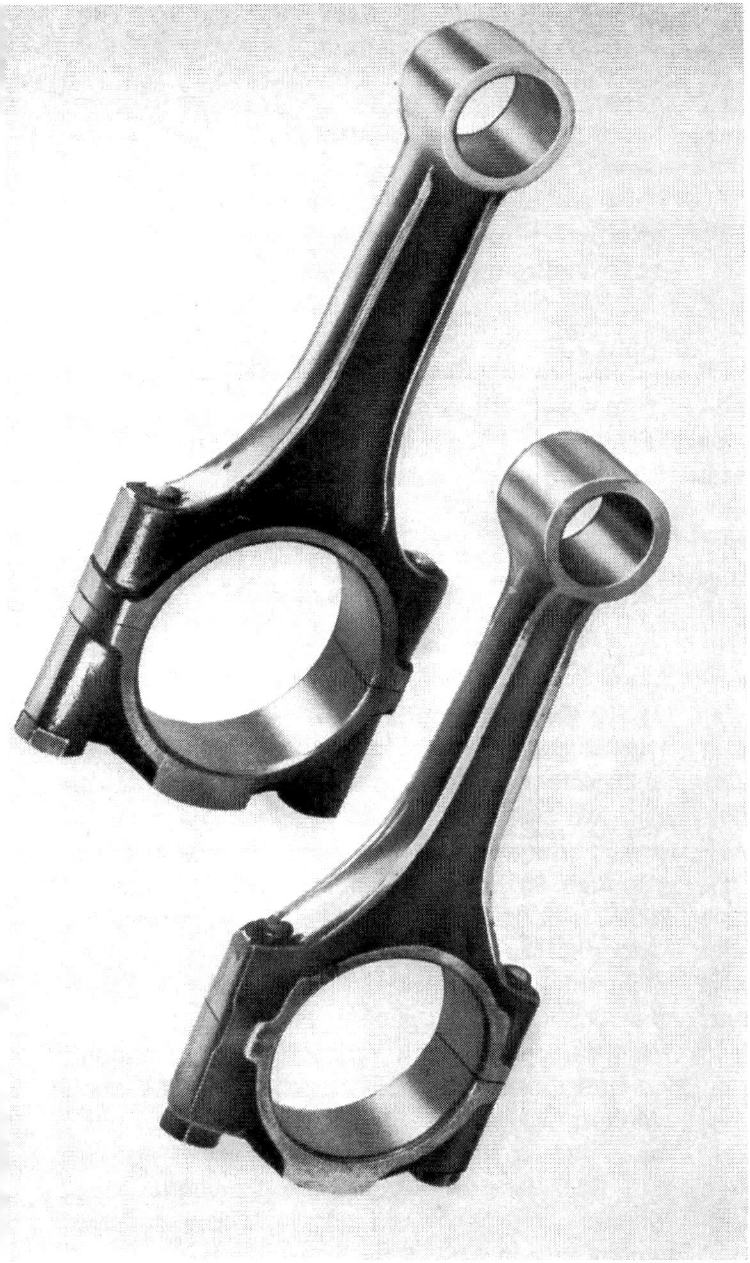

Bearbeitete und erleichterte Pleuel sind – sowohl für die großen Opel-Vierzylindermotoren (oben) als auch für die 1100/1200er Motoren erhältlich (Irmscher).
Die Serienkolben sind für begrenzte Leistungssteigerungen voll ausreichend. Der Kolbenbolzen ist bei Opel im Pleuel fest gelagert, im Kolben schwimmend, so daß eine Sicherung entfällt.

auch hier wieder gleiches Gewicht anzustreben ist. Komplett bearbeitete Pleuel und Glyco-Dreistofflager sind bei Irmscher erhältlich.

Kolben

Bei Motoren der 1100/1200er Baureihe sind für die normalerweise in Frage kommenden Leistungssteigerungen die Serienkolben (sofern es sich nicht um Muldenkolben niedrig verdichteter Ausführungen handelt) ausreichend. Der Motorblock des 1100er Motors läßt sich von 75 mm Bohrungsdurchmesser bis auf maximal 77 mm Durchmesser aufbohren. Die hierzu notwendigen – geschmiedeten – Spezialkolben hat die Tuningfirma Irmscher in ihrem Programm. Allerdings erscheint es wesentlich zweckmäßiger, für höhere Leistungssteigerungen von vorneherein den Motorblock – oder den ganzen Motor – des neuen 1200er Kadett vorzusehen. Dieser Motorblock mit aneinandergegossenen Zylinderwänden (ohne Wassermantel dazwischen) hat in der Serie ein Bohrungsmaß von 79 mm ⌀ was exakt 1196 ccm Hubraum ergibt. Spezialkolben sind für dieses Bohrungsmaß nicht erhältlich und auch nicht notwendig, da die Serienkolben auch für Leistungssteigerungen geeignet sind. Die Bohrung läßt sich im Rahmen der normalen Übergrößen geringfügig erweitern.

Bei den großen Opel-Vierzylindern sind hinsichtlich der Bohrung mehr Variationsmöglichkeiten gegeben. In der folgenden Tabelle sind die möglichen Bohrungsdurchmesser und daraus resultierende Hubräume angegeben. Für alle von der Serienbohrung (und den normalen Übergrößen) abweichende Bohrungsmaße sind Spezialkolben erforderlich, die sowohl Steinmetz als auch Irmscher in ihrem Programm führen.

Bohrung	Hubraum	
85 mm ⌀ (Serie)	1584 ccm	1,6-Liter Block
86 mm ⌀	1625 ccm	
87 mm ⌀	1662 ccm	
93 mm ⌀ (Serie)	1897 ccm	1,9-Liter Block
94 mm ⌀	1941 ccm	
95 mm ⌀	1978 ccm	

Man sieht, es ist ohne weiteres möglich, beim 1600/1900er Motor mit Hilfe der Bohrung den Hubraum um fast 100 ccm zu vergrößern. Wenn also Kolben ohnehin gewechselt werden sollen und keinerlei Hubraumbeschränkungen (wegen des Sporteinsatzes des 1600er z. B.) beachtet werden müssen, lohnt es sich, in diesem Rahmen zugleich eine Hubraumvergrößerung vorzunehmen, wobei zu beachten ist, daß der 1600 Motorblock nicht auf das gleiche Maß (maximal 87 mm ⌀) wie der 1900er Block aufgebohrt werden kann.

Was die Verwendung von Serienkolben angeht, so sind diese bis zu einer spezifischen Leistung von ca. 70 bis 75 PS/Liter ausreichend (also beim 1600er bis maximal 120 PS im 1900er bis 140 PS). Sind weitergehende Leistungssteigerungen vorgesehen, so empfiehlt sich die Verwendung geschmiedeter Spezialkolben, mit denen sich außerdem ein höheres Verdichtungsverhältnis erzielen läßt. Geschmiedete Kolben von KS (Kolbenschmidt) und Mahle führen die Firmen Irmscher und Steinmetz in ihrem Programm. Während die Opel-Kolben und auch die Spezialausführungen normalerweise einen im Kolben schwimmend gelagerten Kolbenbolzen aufweisen, verwendet Steinmetz für Rennmotoren ausschließlich Kolben mit im Pleuel schwimmend gelagerten Bolzen, was sich als weniger störanfällig erwiesen hat.

Schwungrad und Kupplung

Beim 1100/1200er Motor läßt sich das Schwungrad um maximal 2,5 kp erleichtern. Die Serienkupplung des 1100er ist bis zu einer Leistung von 80 PS ausreichend. Darüber empfiehlt sich die verstärkte Tellerfederkupplung, wie sie serienmäßig im 1200er Motor eingebaut ist.
Eine wesentliche Reduzierung der rotierenden Massen läßt sich beim großen Opel-Vierzylinder realisieren. So läßt sich das Schwungrad allein um ca. 4,2 kp erleichtern und die Verwendung

Die Serienkolben der 1100/1200er Motoren (oben links) und der 1,6/1,9 Liter-Motoren (oben rechts) unterschieden sich im wesentlichen durch ihre Größe voneinander. Beide haben einen flachen Boden und ragen nicht in den Brennraum. Geschmiedete Spezialkolben mit erhöhtem Kolbenboden und entsprechend tief eingefrästen Ventiltaschen sind sowohl für den Serienzylinderkopf (Mitte und unten rechts) als auch für den Querstromzylinderkopf (Mitte und unten links) erhältlich. Zu beachten ist der extrem kurze Schaft des Rennkolbens für den Querstromzylinderkopf.

einer Leichtmetallkupplung (Fichtel & Sachs, MF 215 KL, erhältlich bei Irmscher oder Steinmetz) bringt eine weitere deutliche Erleichterung. Allerdings sind solche extreme Werte nur für Wettbewerbsmotoren interessant. Für getunte Straßenmotoren reicht eine weniger umfangreiche Erleichterung des Schwungrades aus, wobei das Schwungrad nach der Bearbeitung stets neu auszuwuchten ist.

Für Rennmotoren mit sehr hoher Leistung und entsprechendem Drehmoment ist es unter Umständen empfehlenswert, eine größere Leichtmetallkupplung zu verwenden (MF 228 KL), die mit dem Schwungrad des Commodore kombiniert werden kann. Das Commodore-Schwungrad paßt ohne Schwierigkeiten auch für den Vierzylindermotor, sollte natürlich ebenfalls erleichtert werden.

Die Verwendung einer Leichtmetallkupplung in Verbindung mit einem stark erleichterten Schwungrad bringt eine wesentliche Reduzierung der rotierenden Massen des Kurbeltriebes.

KÜHLUNG UND SCHMIERUNG

Für die Standfestigkeit und Zuverlässigkeit getunter Motoren spielen Kühlung und Schmierung eine sehr wichtige Rolle. Naturgemäß steigen hier die Anforderungen mit jeder Leistungssteigerung, darum ist es wichtig zu wissen, wie groß die Reserven des serienmäßigen Kühl- und Schmiersystems sind und bei welcher Leistungsgrenze Verbesserungen notwendig werden.

Zunächst zur Kühlung. Hierzu ist zu sagen, daß die wassergekühlten Opel-Vierzylindermotoren ausreichende Kühlreserven auch im Falle einer Leistungssteigerung besitzen. So ist bei den 1100/1200er Motoren der serienmäßige Wasserkühler voll ausreichend, der Ventilator sollte bei-

Für alle getunten Opelmotoren (1,6/1,9 Liter) ist die Verwendung eines Ölkühlers notwendig. Komplette Einbausätze liefern die Firmen Irmscher und Steinmetz.

behalten werden. Es empfiehlt sich jedoch ein Austausch des serienmäßigen Thermostaten (86 Grad Öffnungstemperatur) gegen einen Thermostaten mit tieferliegender Öffnungstemperatur (78 Grad Thermostat bei Irmscher erhältlich). Ein solcher Thermostat öffnet langsamer und gleichmäßiger (auch entsprechend früher) und vermeidet Wärmestau und schlagartiges Öffnen in der Warmlaufperiode des Motors. Einen ähnlichen Effekt kann man auch mit einer 2 mm starken Überströmbohrung im serienmäßigen Thermostaten erzielen.

Ähnlich liegen die Verhältnisse bei den großen Vierzylindermotoren. Hier ist der Serienkühler bis zu einer Leistung von ca. 140 PS beim 1600er bzw. 150 PS beim 1900er Motor ausreichend. Bei größeren Leistungssteigerungen bietet sich der im Volumen um 1,5 Liter größere Automatikkühler an, der auch für Rennmotoren ausreichend ist. Die Ventilatorflügel lassen sich ohne weiteres um ca. 50 mm kürzen, was bei hohen Drehzahlen einen geringeren Leistungsverlust bringt. Gesamtleistungsverlust durch den Ventilator ca. 4,5 PS (bei Nenndrehzahl), bei gekürztem Ventilator ca. 2,0 bis 2,5 PS. Bei Rennmotoren kann man auf den Ventilator verzichten. Ein gekürzter Ventilator wird jedoch im Kolonnen- oder Stadtverkehr erhöhte Wassertemperatur bringen. Genaue Kontrolle wird empfohlen, erforderlichenfalls ist die Heizung samt Gebläse zuzuschalten. Der serienmäßige Thermostat öffnet bei ca. 85 Grad. Auch hier empfiehlt sich ein Bypaßloch bei leistungsgesteigerten Motoren (ca. 2 mm Durchmesser). Besser ist der Einbau eines Spezialthermostaten mit geringerer Öffnungstemperatur (76 Grad Thermostat bei Irmscher erhältlich). Bei Rennmotoren wird der Thermostat entfernt.

Was die Schmierung anbetrifft, so sind die Opel-Motoren der 1100/1200er Baureihe relativ anspruchslos. Erst ab ca. 80 PS wird ein Ölkühler notwendig und dann reicht die kleinste Ausführung (10 Reihen) vollkommen aus. Voraussetzung für optimale Schmierung ist jedoch erstklassiges Marken HD-Öl (Castrol, Veedol, Valvoline). Im Sommer wird die Viskosität SAE 40, in den Übergangsperioden SAE 30 empfohlen. Im Winter kann Mehrbereichs-HD-Öl 20 W 50 verwendet werden. Der optimale Öldruck des Kadett-Motors liegt bei 4,5 bis 5 atü. Sollte dieser ohne Eingriffe nicht realisierbar sein, so gibt es für das Ölüberdruckventil eine Spezialfeder (bei Irmscher), die die Öffnung des Ventils erst bei 5 atü zuläßt. Die maximal zulässige Öltemperatur liegt bei 135 Grad, doch sollte dieser Wert nicht im Dauerbetrieb gefahren werden. Die serienmäßige Ölwanne kann beibehalten werden. Für Fahrzeuge, die im Rennbetrieb mit hohen Querbeschleunigungen und Verzögerungen laufen, empfiehlt sich der Einbau von Schwabbelblechen.

Etwas kritischer in Bezug auf Schmierung, insbesondere was die Öltemperatur anbetrifft, sind die großen Opel-Vierzylinder. Hier ist bei einer Leistungssteigerung unbedingt der Einbau eines Ölkühlers notwendig, wobei je nach dem Umfang des Leistungszuwachses verschieden große Ölkühler in Frage kommen (10-, 16- und 19rei-

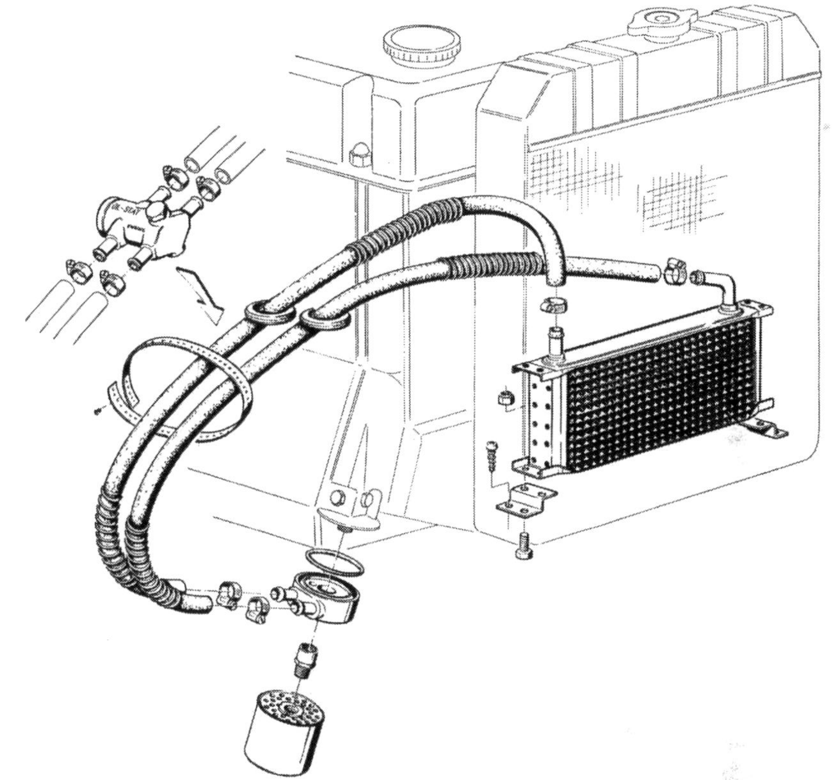

Die serienmäßige Ölpumpe (Zahnradpumpe) ist auch für getunte Opel-Motoren ausreichend. Bei Rennmotoren empfiehlt sich die Verwendung einer Trockensumpfschmierung, mit außenliegender Pumpe. Die Montage eines Ölkühlereinbausatzes (Steinmetz) geht aus dieser Detailskizze hervor. Im Normalbetrieb wird die Einschaltung eines Thermostaten empfohlen.

hig). Die Verwendung eines Ölthermostaten, der den Zulauf zum Kühler erst ab einer bestimmten Öltemperatur freigibt (ca. 80 Grad), ist für Fahrzeuge, die im normalen Straßenverkehr benutzt werden, dringend zu empfehlen. Denn ebenso wie übermäßig hohe Temperatur zu Motorschäden führen kann, ist der Betrieb mit zu niedriger Öltemperatur für den Motor schädlich und erhöht den Verschleiß. Komplette Ölkühler-Einbausätze liefern die Firmen Irmscher und Steinmetz.

Die Verwendung einwandfreien Marken HD-Öls ist auch hier Voraussetzung für den Betrieb leistungsgesteigerter Motoren. Einbereichs HD-Öle mit der Viskosität SAE 40 bzw. 30 sind für den Sommer und die Übergangszeit zu empfehlen. Aber auch Mehrbereichsöle sind (nach der Empfehlung von Steinmetz Veedol 10 W 40 bzw.

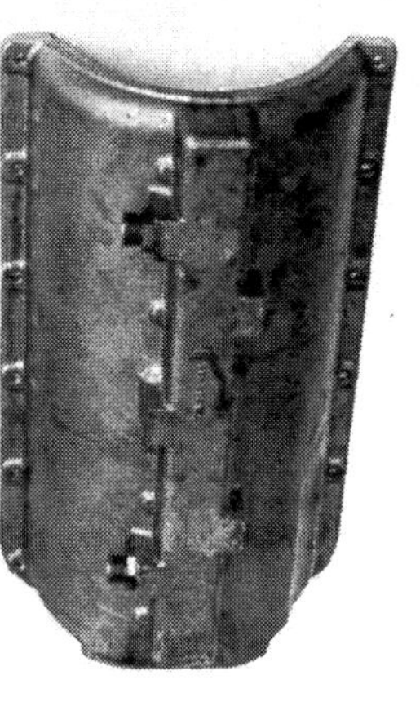

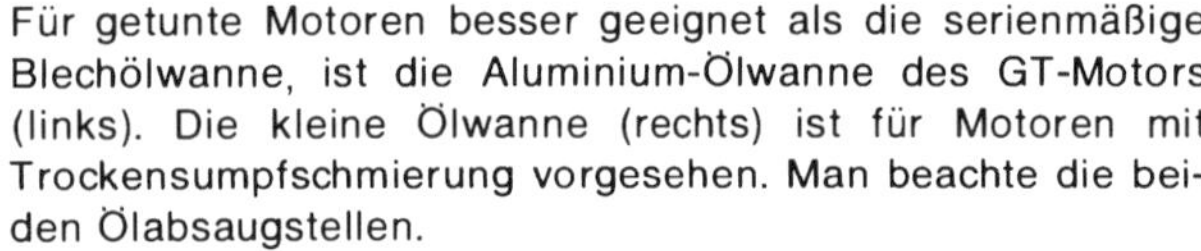

Für getunte Motoren besser geeignet als die serienmäßige Blechölwanne, ist die Aluminium-Ölwanne des GT-Motors (links). Die kleine Ölwanne (rechts) ist für Motoren mit Trockensumpfschmierung vorgesehen. Man beachte die beiden Ölabsaugstellen.

20 W 50) in der warmen Jahreszeit zulässig – im Winter sind sie ohnehin vorteilhafter.
Für Hochleistungsmotoren rät Steinmetz zu Veedol Racing Oil 2920 (Viskosität 30 oder 40). Dieses Racing Oil ist auf Mineralölbasis aufgebaut und im Notfall mit jedem anderen Mineral-Öl mischbar. Außerdem können die normalen Ölwechsel-Intervalle eingehalten werden, da es im Gegensatz zu Racing Oil auf Pflanzenbasis, die gleiche reinigende Wirkung aufweist, wie normales HD-Öl. Für ausgesprochene Rennmotoren

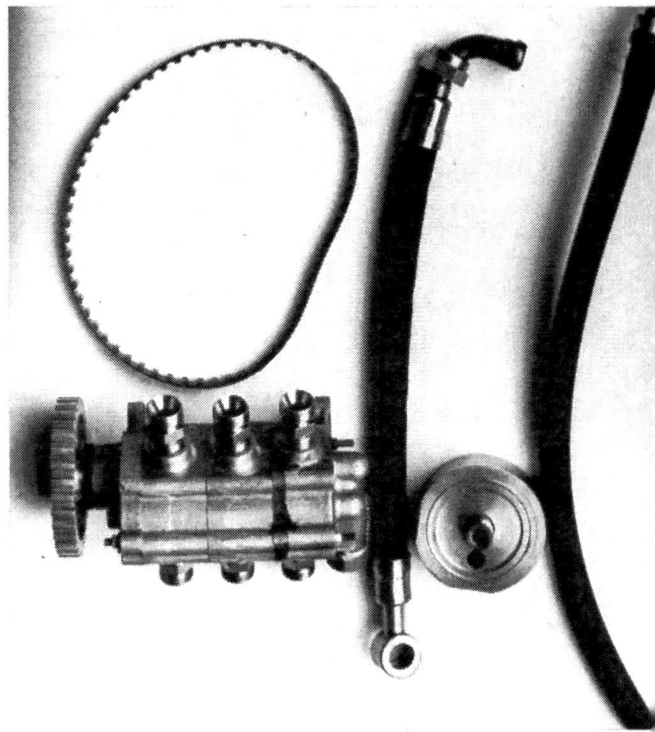

Die außen am Motor montierte dreistufige (eine Druckstufe, zwei Saugstufen) Trockensumpfölpumpe wird von der Kurbelwelle durch einen Zahnriemen angetrieben. Steinmetz verwendet für die Trockensumpfanlage eine spezielle kleinere Ölwanne mit Sammelrinne und Ölhobel.

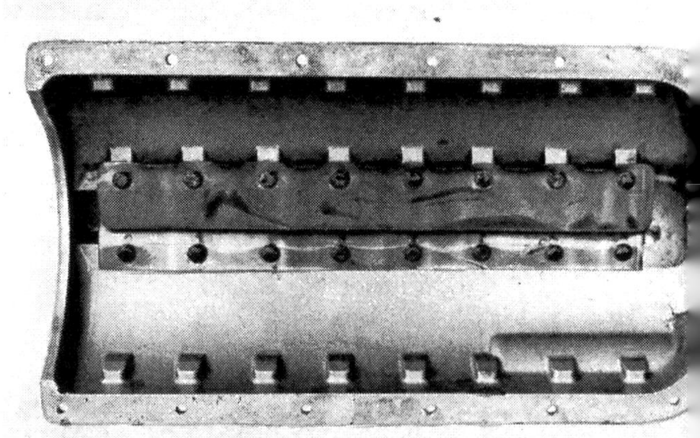

wird jedoch Racing Oil auf Rizinus-Basis empfohlen (z. B. Veedol Racing Oil RA oder Castrol R 30).

Als maximal zulässige Öltemperatur werden bei den großen Opel-Vierzylindern 135 Grad genannt, doch sollten im Dauerbetrieb 110 Grad nicht überschritten werden. Als ausreichender Öldruck, der auch für Sportmotoren nicht höher zu sein braucht, sind 4 atü anzunehmen. Für Rennmotoren läßt sich der Druck durch Unterlegen der Überdruckventilfeder bis zu 4 mm auf ca. 5,5 bis 6 atü steigern. Für getunte Motoren ist außerdem die gegossene Aluminium-Ölwanne der GT-Motoren empfehlenswert. Einbauten sind nicht notwendig.

Für Hochleistungs-Rennmotoren zieht Steinmetz eine Trockensumpfschmierung mit Ölvorratsbehälter (ca. 7 Liter), Ölkühler und einer dreistufigen Alpina-Ölpumpe vor. Diese Anlage ist allen extremen Schmierproblemen gewachsen.

WAS HERAUSKOMMT

Bei jeder Tuningarbeit ist der Leistungsgewinn von der jeweiligen Bearbeitung und dem Zustand des betreffenden Motors abhängig. Da selbst innerhalb der Serienmotoren eine gewisse Leistungsstreuung auftritt, ist diese naturgemäß auch bei getunten Motoren nicht zu vermeiden, da hier die Unterschiede in der Bearbeitung unter Umständen noch größer sein können. Dennnoch lassen sich die durch einzelne Tuningmaßnahmen erzielbaren Leistungsgewinne in etwa abschätzen, zumal über getunte Opel-Motoren inzwischen recht viele Erfahrungswerte vorliegen. Auch die Leistungsgrenzen der getunten Opel-Motoren sind – entsprechend dem Stand 1972 – ohne weiteres abzustecken.

Motor 1200 ccm

Mit zwei Solex-Vergasern 35 PDSI (Rallye-Kadett-Anlage): ca. 63 bis 64 PS.
Mit einem Doppelvergaser (Solex 40 DDH oder Weber 40 DCOE): ca. 65 bis 68 PS.
Mit bearbeitetem Zylinderkopf, erweiterten Kanälen, bearbeitetem Auspuff- und Ansaugkrümmer, erhöhtem Verdichtungsverhältnis (ca. 10:1) und einem Doppelvergaser 40 ⌀: ca. 70 bis 75 PS.
Mit den gleichen Änderungen, Verdichtungsverhältnis ca. 10,5:1, größeren Einlaßventilen, Einlaßtrakt poliert, modifizierte Auspuffanlage: ca. 80 bis 85 PS.
Beim 1100er Motor liegen die erreichbaren Leistungen ca. 5 Prozent niedriger.

Motor 1600 ccm

CCI), angepaßtem Ansaugrohr und Sprint-Auspuffkrümmer: ca. 85 PS.
Mit einem Horizontal-Doppelvergaser (Solex 40 DDH oder Weber 40 DCOE), dazugehörigem Saugrohr, Sprint-Auspuffkrümmer: ca. 90 PS.
Mit 2 Horizontal-Doppelvergasern (Solex 40 DDH oder Weber 45 DCOE), den dazugehörigen Ansaugkrümmern, Sprint-Auspuffkrümmer: ca. 93 bis 95 PS.
Mit der gleichen Vergaseranlage, bearbeitetem Zylinderkopf und Spezial-Nockenwelle (Steinmetz ST 13): ca. 105 PS.
Mit den gleichen Änderungen, Einlaßtrakt poliert, größeren Ventilen, Verdichtungsverhältnis 11:1, modifizierter Auspuffanlage: ca. 115 PS.
Leistungsgrenze mit Schmiedekolben, Renn-Nockenwelle, 45er Vergasern, Fächerauspuffkrümmer und Rennrohr: ca. 135 PS.

Motor 1900 ccm

Mit einem Doppel-Fallstromvergaser (Solex 40 CCI), angepaßtem Saugrohr und Sprint-Auspuffkrümmer: ca. 95 bis 97 PS.

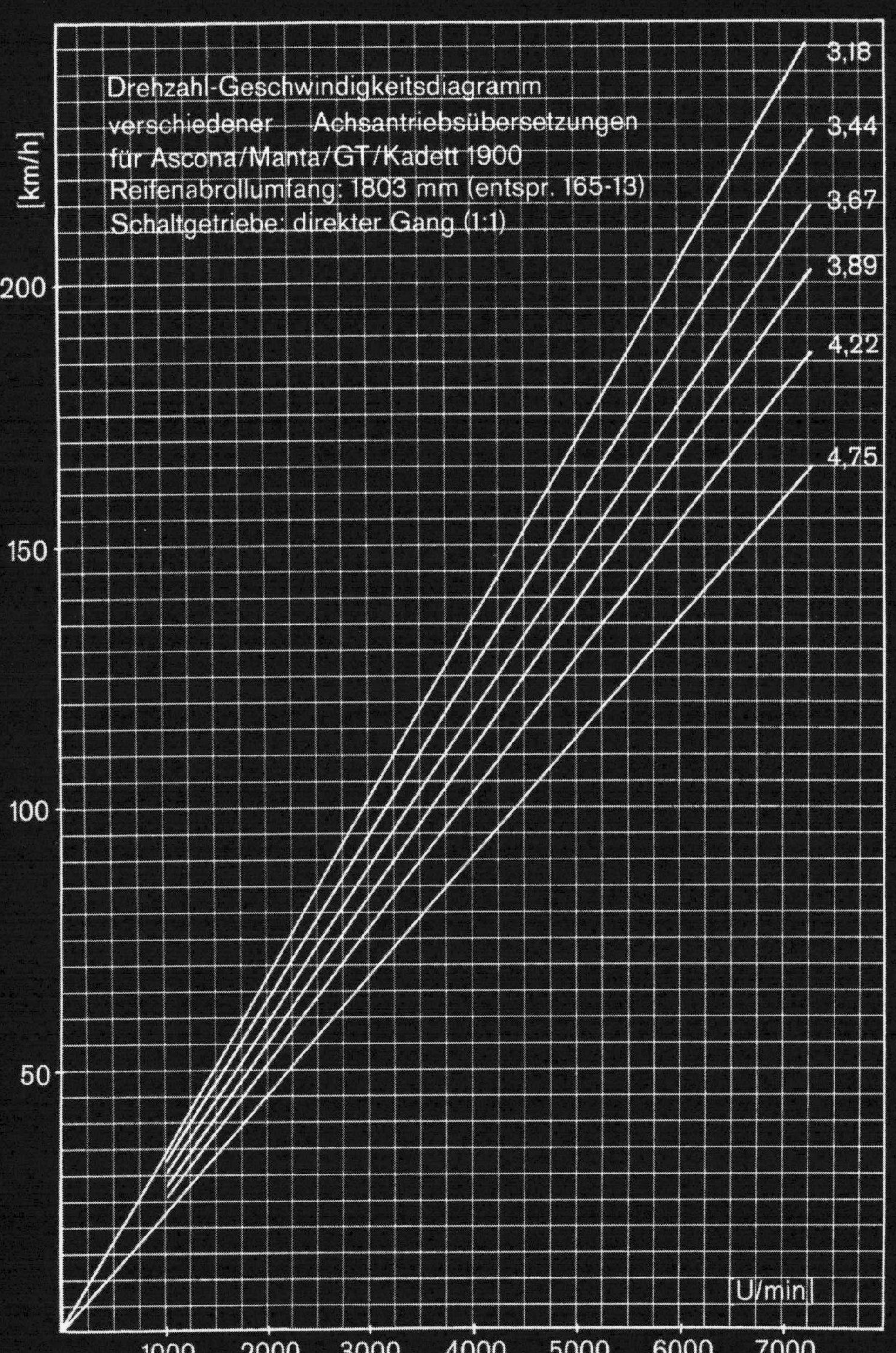

Insgesamt sechs verschiedene Achsantriebsübersetzungen sind für die Ascona/Manta/Kadett 1900/GT-Baureihe erhältlich, so daß für alle Bedürfnisse eine geeignete »Hinterachse« zur Verfügung steht.

Für den Kadett 1100/1200 ist außer dem Seriengetriebe ein sportlich abgestuftes Viergang-Getriebe lieferbar. In diesem Diagramm sind die Übersetzungsverhältnisse der beiden Getriebe aufgezeichnet. Man erkennt, daß sich mit dem Sportgetriebe in den einzelnen Gängen zum Teil wesentlich höhere Geschwindigkeiten erreichen lassen. Die Drehzahlsprünge sind geringer.

Drehzahl-Geschwindigkeitsdiagramm

Viergang-Getriebe mit Serien- und Sportübersetzung
Achsantriebsübersetzung: 4,11 (Kadett 1100/1200)
Reifenabrollumfang: 1755 mm (entspr. 155-13)

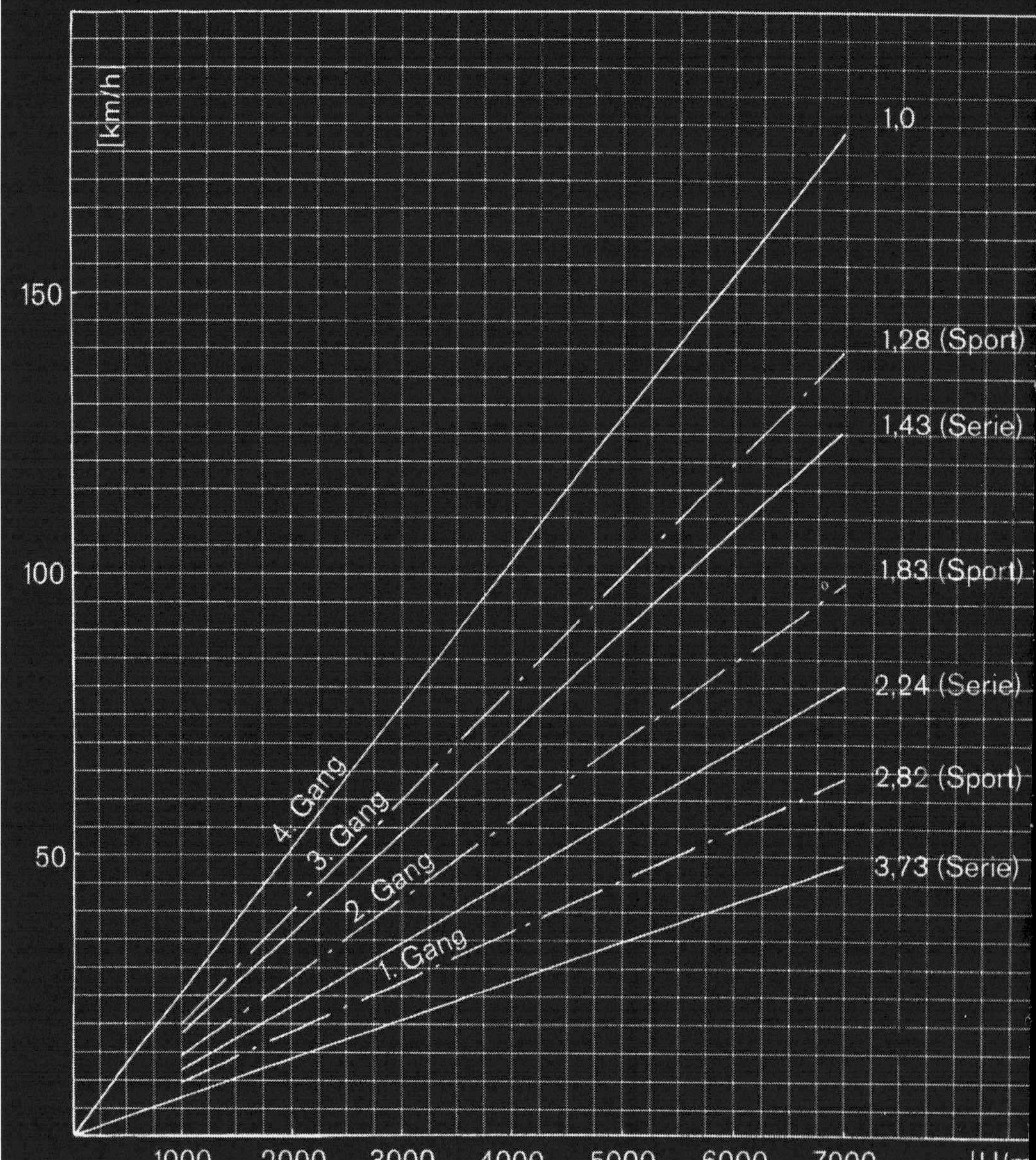

Mit einem Horizontal-Doppelvergaser (Solex 40 DDH oder Weber 45 DCOE), dazugehörigem Saugrohr u. Sprint-Auspuffkrümmer: ca. 100 PS.
Mit zwei Fallstrom-Doppelvergasern (Sprint-Anlage), den dazugehörigen Saugrohren und Sprint-Auspuffkrümmer ca. 100 bis 102 PS.
Mit zwei Horizontal-Doppelvergasern (Solex 40 DDH oder Weber 40 DCOE), den dazugehörigen Saugrohren und Sprint-Auspuffkrümmer: ca. 105 PS.
Mit der gleichen Vergaseranlage, bearbeitetem Zylinderkopf, Spezial-Nockenwelle (Steinmetz ST 13), erhöhtem Verdichtungsverhältnis (10,5:1): ca. 120 PS.
Mit den gleichen Änderungen, größeren Ventilen, geschmiedeten Kolben, größerer Bohrung (94 mm ⌀), Kurbeltrieb überarbeitet, Einlaßtrakt poliert, Auspuffanlage modifiziert: ca. 130–135 PS.
Leistungsgrenze mit Schmiedekolben, Renn-Nockenwelle, 45er Vergasern, Rennauspuffanlage: ca. 165 PS.
Leistungsgrenze mit Querstromzylinderkopf, Renn-Nockenwelle, Fächerauspuff, Bohrung 95 mm ⌀, 45er Vergasern: ca. 200 PS.

GETRIEBEFRAGEN

Das Schaltgetriebe

Jedes Automobil besitzt verschiedene Übersetzungsstufen (Gänge), um die Leistung des Motors dem Fahrwiderstand des Wagens anzupassen. Diese Anpassung besorgt der Fahrer selbst durch das Schalten, nur vollautomatische Getriebe entheben ihn dieser Mühe. Beim Schalten wechselt man das Übersetzungsverhältnis, was jedoch nicht nur das Verhältnis der Motordrehzahl zur Raddrehzahl ändert, sondern im umgekehrten Maße das Rad-Drehmoment und damit die Vortriebskraft an den Rädern. Je größer die Übersetzung ist, umso geringer ist die Raddrehzahl und damit die Geschwindigkeit des Fahrzeugs im Verhältnis zur Motordrehzahl, und umso größer ist die Vortriebskraft an den Rädern bzw. das Raddrehmoment. Im ersten Gang – dem Gang mit der größten Übersetzung – ist also die Vortriebskraft und damit die Beschleunigung und das Bergsteigevermögen am größten, doch sind die erreichbaren Geschwindigkeiten gering. Im höchsten Gang – mit dem kleinsten Übersetzungsverhältnis – ist die erreichbare Geschwindigkeit am größten und die Vortriebskraft am geringsten.

Zwischen diesen beiden, das Gesamtübersetzungsverhältnis eines Getriebes bestimmenden Übersetzungen, befinden sich beim Vierganggetriebe zwei, beim Fünfganggetriebe drei weitere Gangstufen. Um die Motorleistung möglichst gut ausnutzen zu können ist es vorteilhaft, wenn die Übersetzungsstufen der einzelnen Gänge nicht zu weit auseinanderliegen. Damit erreicht man relativ kleine Drehzahlsprünge beim Schalten (Drehzahlsprung = Drehzahlunterschied nach dem Schaltvorgang) und gute „Anschlüsse" in den Gängen. Ein solches Getriebe bezeichnet man als eng gestuft. Es ist einleuchtend, daß ein Fünfganggetriebe innerhalb der gleichen Übersetzungsgrenzen eine engere Stufung zuläßt – da ja ein weiterer Gang vorhanden ist –, als ein Vierganggetriebe.

Um für Sportzwecke oder sportliches Fahren auch beim Vierganggetriebe eine enge Stufung zu erreichen, wird bei sogenannten Sportgetrieben der I. Gang nicht zu hoch übersetzt. Man

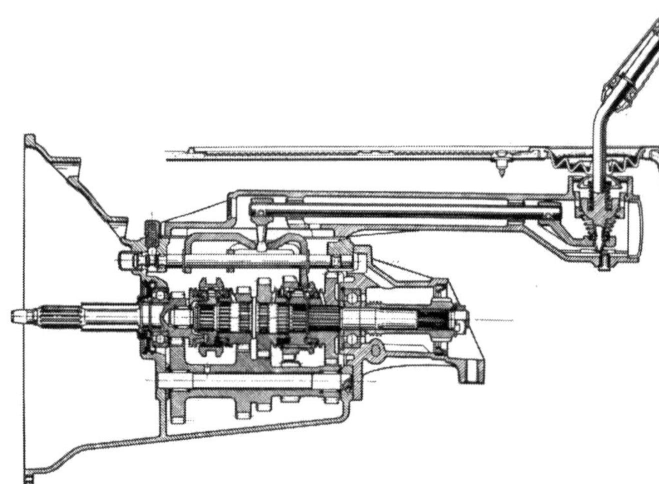

Für das serienmäßige Vierganggetriebe – hier mit Sportschaltung – der 1100/1200 Kadett-Modelle gibt es auch einen enger gestuften Radsatz.

verschenkt dadurch etwas Zugkraft in diesem Gang – und beansprucht beim Anfahren die Kupplung entsprechend stärker – doch ist die erreichbare Geschwindigkeit höher und eine engere Abstufung der folgenden Gänge möglich.

Enger gestufte Vierganggetriebe (bzw. die Radsätze) sind für den kleinen Kadett (1100/1200) bei Opel oder bei den Tuningfirmen (Irmscher/Jetten/Steinmetz) erhältlich. Ein Fünfganggetriebe ist für diesen Typ nicht lieferbar. In der folgenden Tabelle sind die Übersetzungsverhältnisse des Seriengetriebes und des eng gestuften Viergang-Sportgetriebes mit den errechneten Drehzahlsprüngen bei einer Schaltdrehzahl von 7000 U/min zu finden.

Für das Einheits-Vierganggetriebe der großen Vierzylindermodelle (Ascona/Manta/GT/Kadett 1900) ist ebenfalls eine enger gestufte Getriebevariante (bzw. die Radsätze) bei Opel oder den Tuningfirmen erhältlich.

	Viergang (Serie)		Viergang (Sport)	
	Ü	Δ_n [U/min]	Ü	Δ_n [U/min]
I. Gang	3,73		2,82	
		2800		2480
II. Gang	2,24		1,83	
		2530		2080
III. Gang	1,43		1,28	
		1760		1550
IV. Gang	1,0		1,0	

Neben dem enger gestuften Vierganggetriebe, das zweifellos eine gute und vor allem preiswerte Lösung darstellt, ist für die großen Vierzylindermodelle (Ascona/Manta/GT/Kadett 1900)

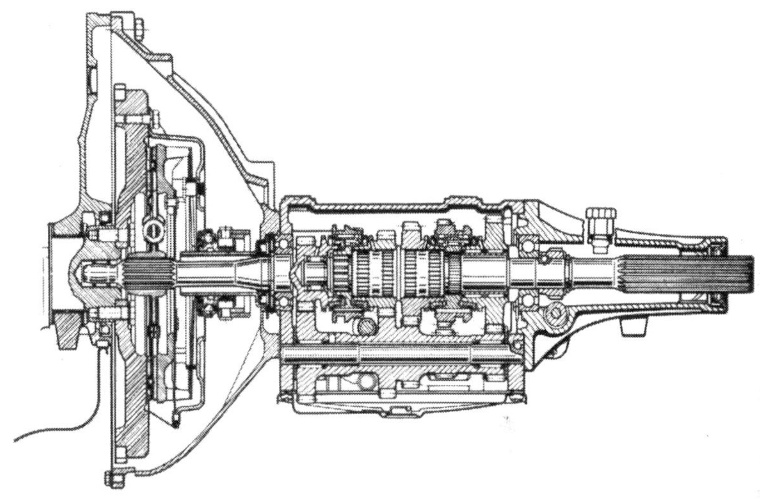

Für die Modelle Ascona/Manta/Kadett 1900/GT sind neben dem Serien-Vierganggetriebe ein solches mit Sportübersetzung (Mitte) sowie zwei verschieden abgestufte Fünfganggetriebe (unten) lieferbar.

ein ZF-Fünfganggetriebe lieferbar, und zwar in zwei verschiedenen Abstufungen. Außer einer reinen Rennübersetzung, die natürlich auch für Rallyes geeignet ist, gibt es noch eine Straßenabstufung mit kurz übersetztem ersten Gang, der das Anfahren erleichtert und die Kupplung schont. Beim Einbau der Fünfganggetriebe, die über Tuningfirmen bezogen werden können, sind eine andere Kupplungsglocke (ebenfalls erhältlich bei den Tuningfirmen oder bei Opel) und eine kürzere Kardanwelle notwendig. Im letzteren Fall braucht man kein teures Sonderteil, da zufälligerweise die Kardanwelle der Automatikmodelle auch zum Fünfganggetriebe paßt.
Nachfolgend sind in einer Tabelle die Übersetzungen des Seriengetriebes und der wichtigen lieferbaren Getriebevarianten mit den bei 7000 U/min auftretenden Drehzahlsprüngen aufgeführt.

	Viergang (Serie)		Viergang (Sport)		Fünfgang (Straße/Sport)		Fünfgang (Rennen)	
	Ü	Δ_n [U/min]	Ü	Δ_n [U/min]	Ü	Δ_n [U/min]	Ü	Δ_n [U/min]
I. Gang	3,42	2600	2,87	2740	3,85	2630	2,85	2580
II. Gang	2,15	2550	1,75	1840	2,40	1860	1,8	1710
III. Gang	1,36	1850	1,29	1570	1,76	1980	1,36	1130
IV. Gang	1,0		1,0		1,26	1450	1,14	860
V. Gang	–		–		1,0		1,0	

Achsantriebsübersetzung

Das Übersetzungsverhältnis des Achsantriebes (Teller- und Kegelrad) bestimmt zusammen mit dem jeweiligen Gang des Schaltgetriebes die Gesamtübersetzung zwischen Motor und Rädern. Dies bedeutet, daß ein hoch übersetzter Achsantrieb (Fachjargon: kurze Achse) sehr gute Beschleunigung – da hohe Vortriebskraft – und geringe Endgeschwindigkeit vermittelt. Ein gering übersetzter Achsantrieb (lange Achse) erlaubt relativ hohe Endgeschwindigkeiten, verbunden mit geringerer Beschleunigung. Die Auswahl der richtigen Achsantriebsübersetzung ist vom Leistungsverlauf des Motors, dem Leistungsgewicht und den speziellen Fahrumständen abhängig. So wird man ein Auto, das vornehmlich im Gebirge oder bei Bergrennen eingesetzt wird, entsprechend kurz übersetzen, da hohe Geschwindigkeiten im größten Gang nicht erforderlich sind. Unsinnig wäre hingegen eine zu kurze Übersetzung für Hochgeschwindigkeitspisten oder bei häufigem Autobahnbetrieb. Auch bei sehr starken Automobilen (geringes Leistungsgewicht), deren Überschußleistung in den unteren Gängen ohne weiteres zur Überwindung der Schlupfgrenze ausreicht, bringt eine zu kurze Übersetzung keine Vorteile, da die höhere Zugkraft nicht ausgenutzt werden kann.

Entsprechend ihrer Motorgröße und der damit erreichbaren Fahrleistungen sind die in Frage kommenden Opel-Modelle unterschiedlich übersetzt. In der folgenden Tabelle sind die serienmäßigen Achsantriebsübersetzungen und die bei der Höchstgeschwindigkeit erreichbare Drehzahl aufgeführt (Reifenabrollumfang: Kadett 155 SR 13 = 1755 mm; Ascona/Manta/GT 165 SR/HR 13 = 1803 mm).

Außer den Serienübersetzungen sind für die ein-

		Kadett 1100	Kadett 1200	Kadett 1900
Achsantriebs-übersetzung		4,11	4,11	4,11
V_{max}	km/h	135	145	165
n_{max}	U/min	5280	5660	5750

		Ascona 1600	Ascona 1600 S	Ascona 1900 S
Achsantriebs-übersetzung		3,67	3,67	3,44
V_{max}	km/h	145	156	160
n_{max}	U/min	4920	5280	5080

		Manta 1600 S	Manta 1900 S	GT/GTJ 1900
Achsantriebs-übersetzung		3,67	3,44	3,44
V_{max}	km/h	164	171	186
n_{max}	U/min	5560	5440	5920

Für alle in diesem Buch besprochenen Opel-Modelle sind zahlreiche verschiedene Achsantriebsübersetzungen erhältlich. Die Division der Zähnezahl von Kegelrad und Tellerrad ergibt das Übersetzungsverhältnis.

Für die kleinen Kadett-Modelle 1100/1200 sind vier verschiedene Achsantriebs-übersetzungen lieferbar. Aus dem Drehzahl-Geschwindigkeitsdiagramm der verschiedenen Achsantriebsübersetzungen (»Hinterachsen«) läßt sich die im direkten Gang (4. Gang) die der jeweiligen Drehzahl entsprechende Geschwindigkeit ablesen.

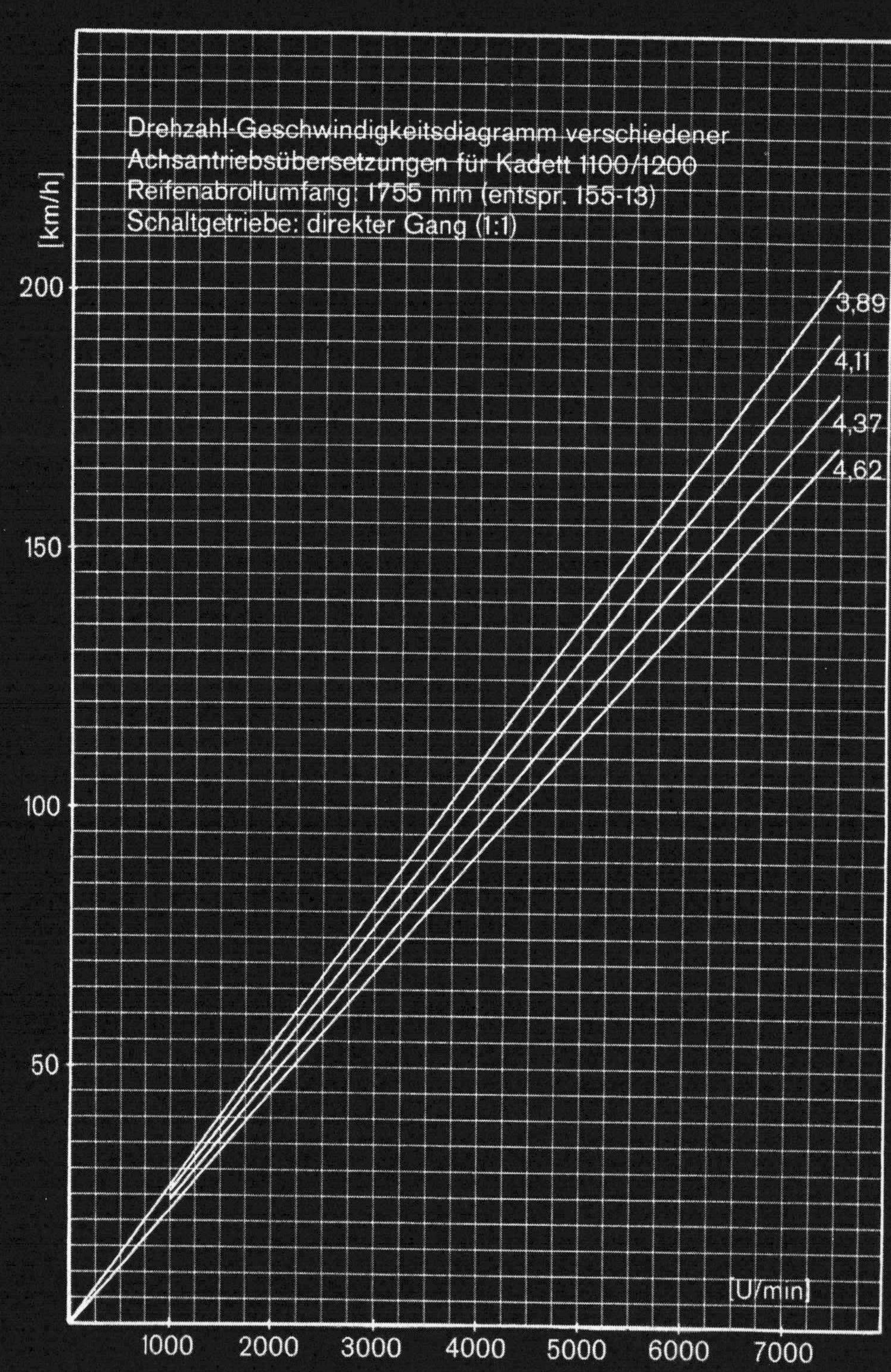

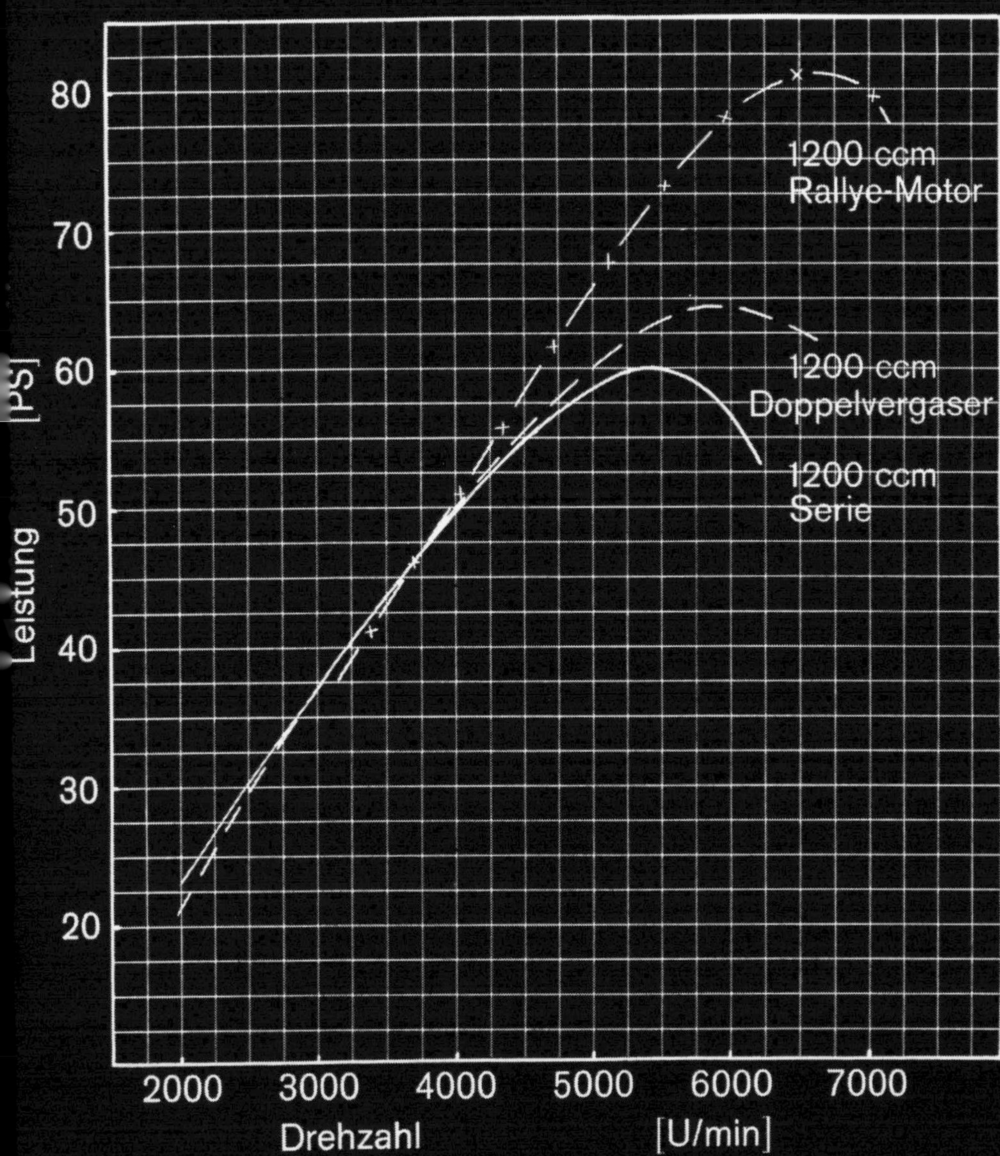

Aus diesem Diagramm geht der Leistungsverlauf zweier Tuningstufen des 1200er Kadett-Motors im Vergleich zum Serienmotor hervor. Charakteristisch ist die Leistungskurve des Rallye-Motors, der seine Nennleistung von über 80 PS bei 6600 U/min erreicht. Die Leistungssteigerung von über 20 PS ist sowohl auf Verbesserung des Mitteldruckes als auch auf eine Erhöhung des Drehzahlniveaus zurückzuführen. Unter 4000 U/min fällt die Leistung des Rallye-Motors unter die des Serienmotors!

Der Vergleich verschiedener Leistungsstufen des Opel 1,9 bzw. 2 Liter-Motors zeigt im Falle des Rennmotors mit Querstromzylinderkopf den typischen Verlauf eines extrem getunten Triebwerks: unter 4000 U/min bricht die Leistung praktisch zusammen, im mittleren Bereich ist ein geringfügiger Leistungseinbruch zu bemerken und nach Erreichen des »spitzen« Maximums tritt starker Leistungsabfall ein. Diese Merkmale der Leistungscharakteristik sind vornehmlich auf die Abstimmung der Ansaug- und Auspuffsysteme zurückzuführen, die sich nur für bestimmte Drehzahlbereiche optimal auslegen lassen. Im Falle des 1,9 Liter-Rennmotors mit Serienzylinderkopf, der ebenso wie der Straßenmotor nicht so extrem abgestimmt ist, ergibt sich ein relativ gleichmäßiger Leistungsverlauf.

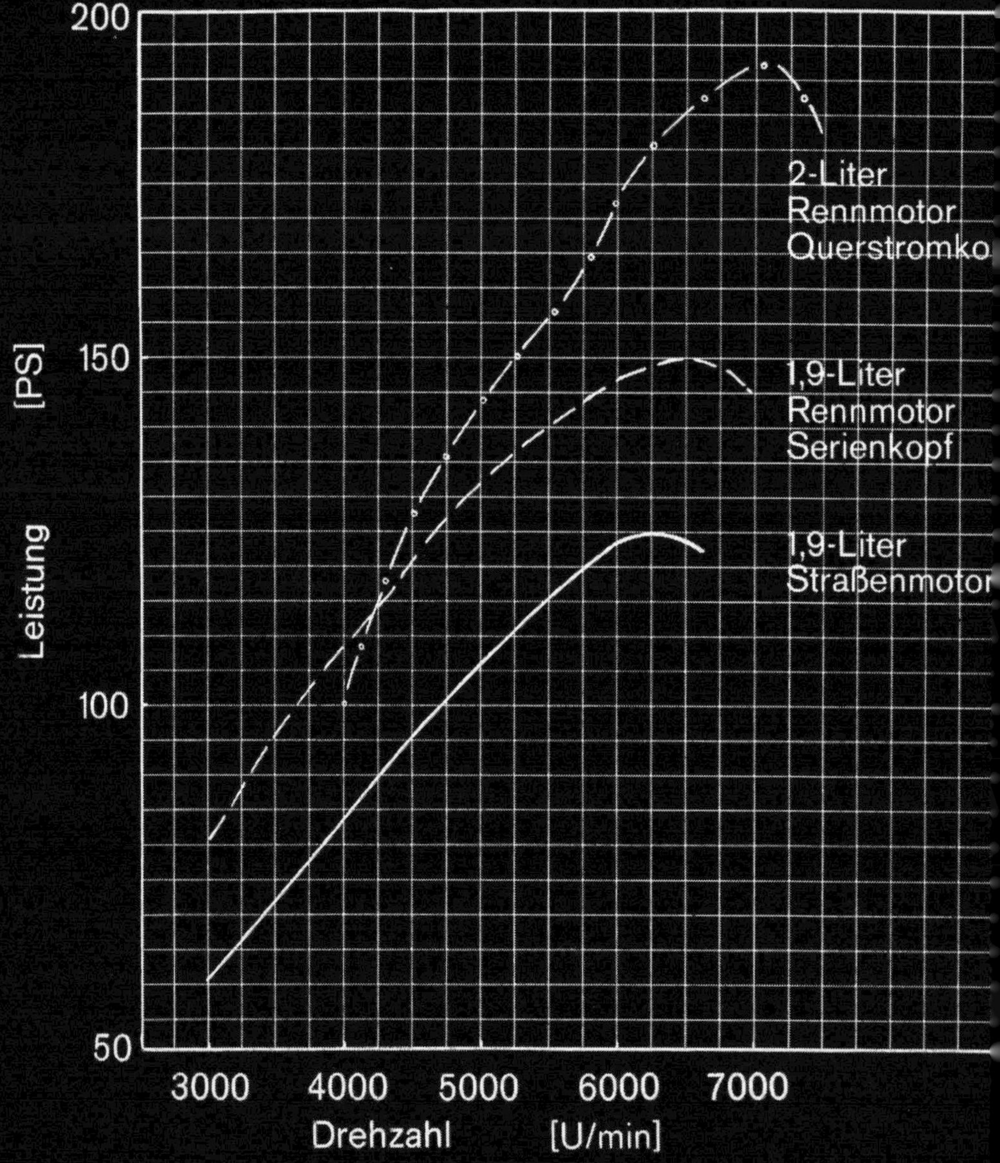

zelnen Typen noch folgende Sonderübersetzungen (zum Teil ab Werk) lieferbar:
Kadett 1100/1200: a) 3,89 b) 4,375 c) 4,62
Ascona/Manta/GT/Kadett 1900:
a) 3,18 b) 3,44 c) 3,67 d) 3,89 e) 4,22
f) 4,75
Die Übersetzung 3,18 dürfte hierbei nur für den GT in Frage kommen, der auf Grund seiner günstigen Form in der Lage ist, sehr hohe Geschwindigkeiten zu erreichen. Eine gute Universalachse für die Straße und den Wettbewerb (Rallyes) stellt die Übersetzung 3,89 dar. Für den kompromißlosen Rallyewagen kommt hingegen (in der Regel) die Übersetzung 4,22 in Frage. Für Bergrennen ist die kürzeste Übersetzung (4,75) geeignet. Die den jeweiligen Übersetzungen entsprechenden Drehzahlen und Geschwindigkeiten sind aus den Drehzahl-Geschwindigkeitsdiagrammen zu entnehmen.

Drehzahl-Geschwindigkeitsdiagramm

Dieses Diagramm, manchmal auch als Getriebeschaubild bezeichnet, gibt Aufschluß über die in den einzelnen Gängen erreichbaren Geschwindigkeiten und die zugehörigen Motordrehzahlen. Auch der Einfluß verschiedener Achsantriebsübersetzungen und der Reifengrößen wird deutlich. Denn neben den Übersetzungen des Schaltgetriebes und des Achsantriebes bestimmen auch noch die Reifendimensionen die erreichbaren Geschwindigkeiten. Es ist logisch, daß ein Reifen kleinen Durchmessers bei gleicher Raddrehzahl eine geringere Geschwindigkeit vermittelt als ein großer Reifen. Das für die erreichbare Geschwindigkeit wichtige Reifenmaß nennt man den dynamischen Abrollumfang.
Um das Drehzahl-Geschwindigkeitsdiagramm zu zeichnen, muß man sich in jedem Gang die einer bestimmten (möglichst hohen) Motordrehzahl zugehörige Geschwindigkeit ausrechnen, die Punkte auf Millimeterpapier eintragen und mit dem Nullpunkt verbinden. Zur Berechnung benötigt man folgende einfache Formel:

$$V = \frac{n}{i} U \cdot 0{,}06 \ \text{(km/h)}$$

Darin bedeuten V die Geschwindigkeit in km/h; n die Motordrehzahl in U/min; i die Gesamtübersetzung (Gangübersetzung × Achsantriebsübersetzung), U der Abrollumfang des Reifens in m.

Sperrdifferential

Das sogenannte Ausgleichsgetriebe (Differential) hat die Aufgabe, die bei Kurvenfahrt auftretenden Unterschiede in der Raddrehzahl auszugleichen. Gleichzeitig sorgt es dafür, daß jedes Rad das gleiche Drehmoment überträgt. Diese für den Normalbetrieb durchaus wünschenswerten Eigenschaften können jedoch unter Umständen störende Nebenwirkungen haben. Wenn nämlich aus irgendeinem Grund das eine Antriebsrad durchdreht – durch Entlastung

In diesem Diagramm sind die Übersetzungsverhältnisse des Seriengetriebes und des Viergang-Sportgetriebes der Modelle Ascona/Manta/Kadett 1900/GT mit der Achsantriebsübersetzung 3.44 aufgezeichnet. Die Vorteile des enger gestuften Sportgetriebes sind deutlich sichtbar.

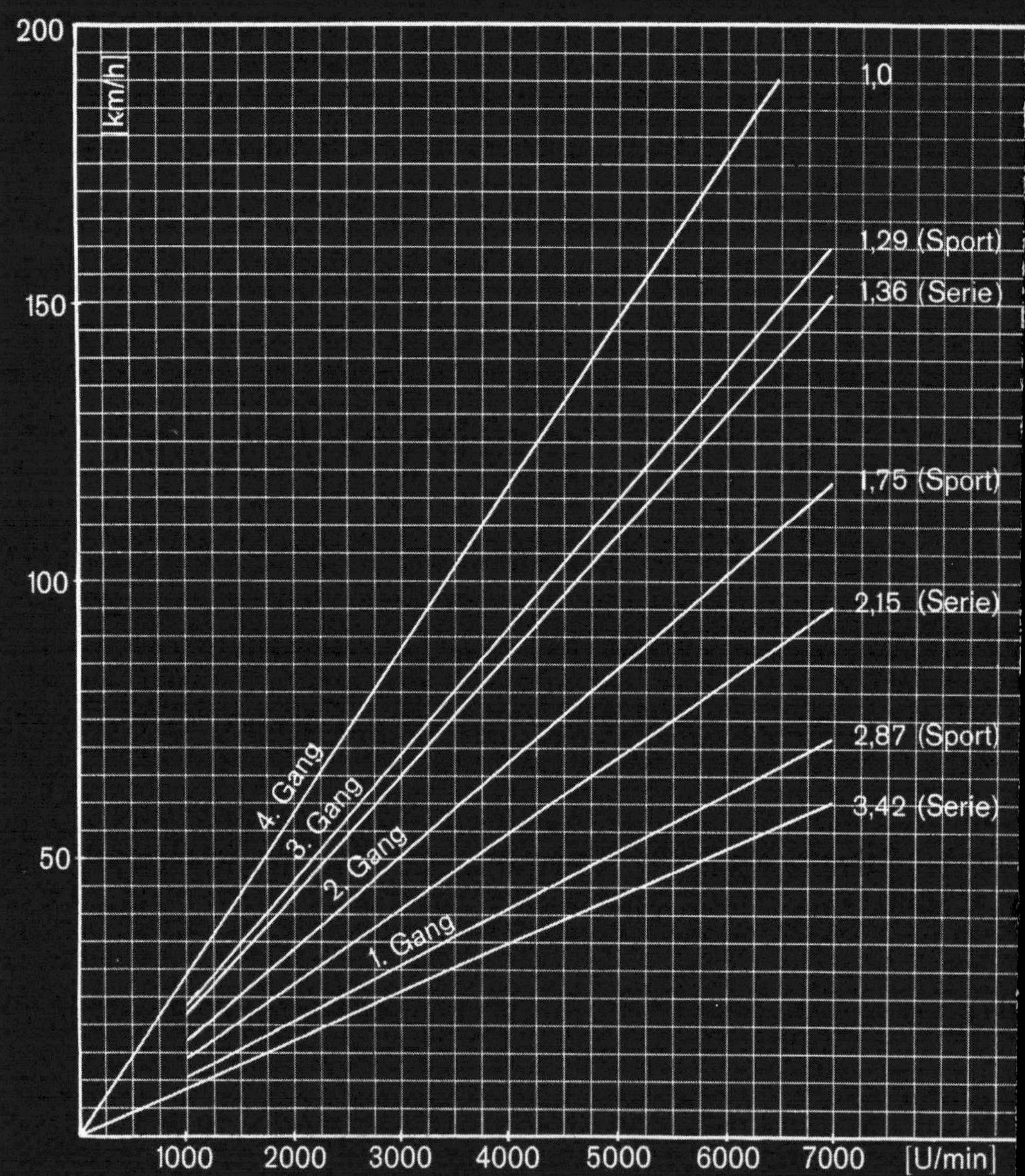

Drehzahl-Geschwindigkeitsdiagramm
Viergang-Getriebe mit Serien- und Sportübersetzung
Achsantriebsübersetzung: 3,44 (Ascona/Manta 1900/GT)
Reifenabrollumfang: 1803 mm (entspr. 165-13 bzw. 185/70-13)

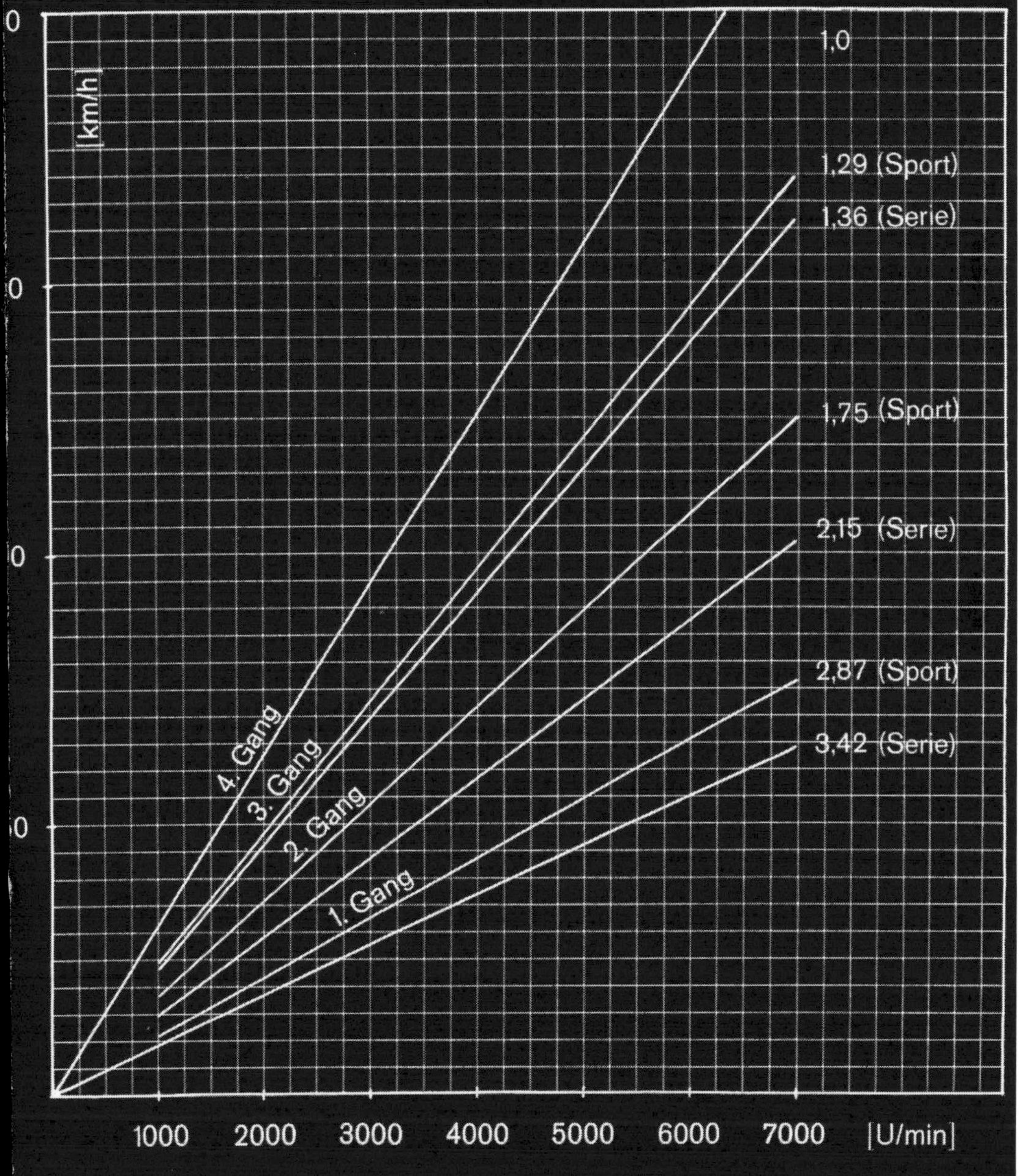

Wir zeigen hier nochmals das gleiche Getriebeschaubild vom Seriengetriebe und Viergang-Sportgetriebe, allerdings in Verbindung mit der Achsantriebsübersetzung 3.67, die bei gleicher Drehzahl etwas geringere Geschwindigkeiten in den einzelnen Gängen verursacht.

Der Unterschied zwischen einem Renn-Fünfganggetriebe und einem Straßen(Sport)-Fünfganggetriebe wird in diesem Getriebeschaubild deutlich. Der 1. Gang des Renngetriebes ist wesentlich länger übersetzt, die übrigen Gänge liegen sehr viel enger beisammen, was kleine Drehzahlsprünge ergibt.

Drehzahl-Geschwindigkeitsdiagramm
Fünfgang-Getriebe mit Straßen- und Rennübersetzung
Achsantriebsübersetzung: 3,44 (Ascona/Manta 1900/GT)
Reifenabrollumfang: 1803 mm (entspr. 165-13 bzw. 185/70-13)

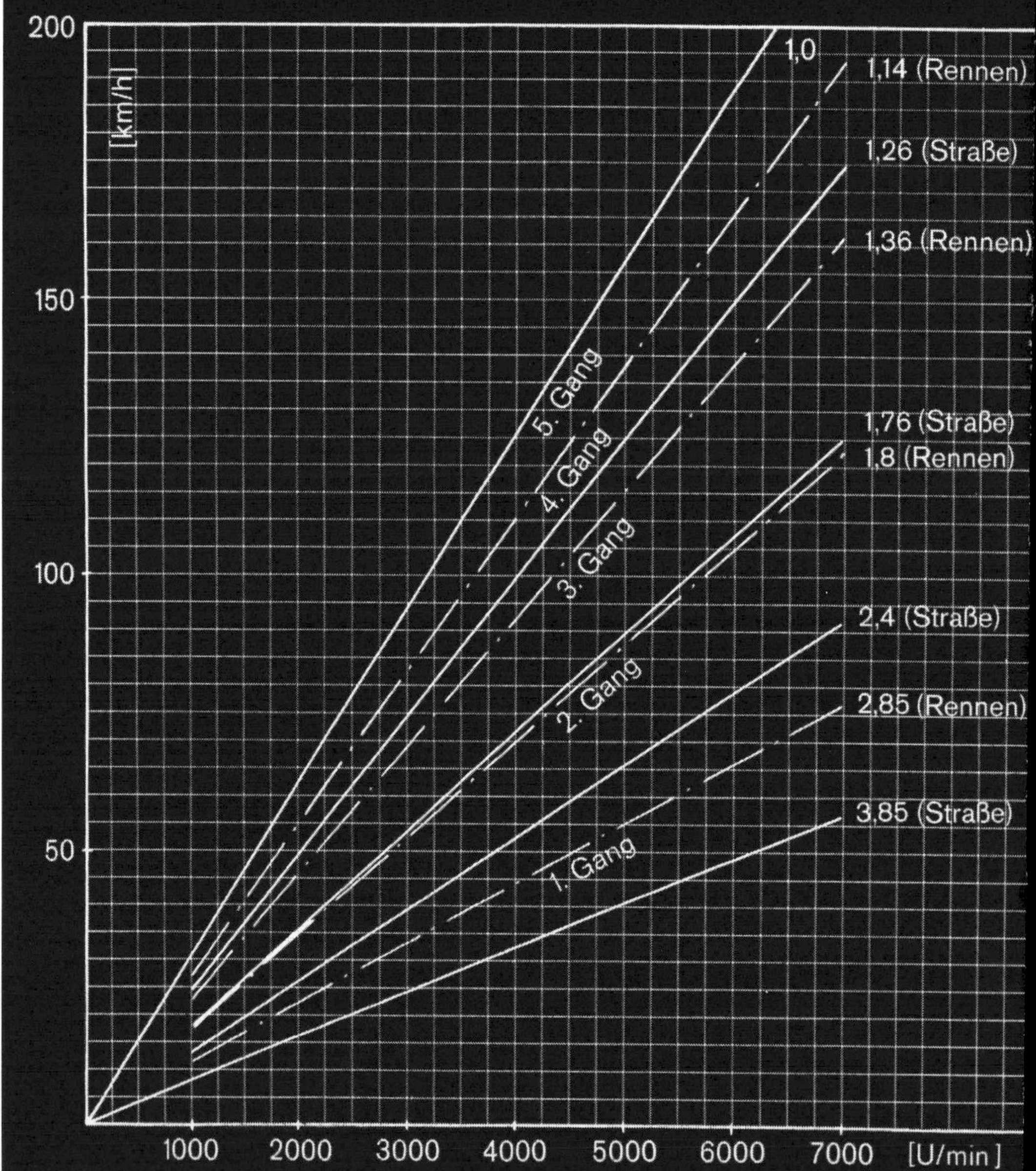

bei Kurvenfahrt oder auf losem Untergrund etwa –, kann das andere Rad ebenfalls kein Drehmoment übertragen. Dies führt dazu, daß man insbesondere mit starken Automobilen und gering belasteter Antriebsachse relativ schlecht aus engen Kurven herausbeschleunigen kann.
Um diesen unerwünschten Nebeneffekt des Differentials zu vermeiden, hat man Differentialbremsen bzw. selbstsperrende Differentiale entwickelt, die zwar für einen sinnvollen Drehzahl- und Drehmomentausgleich sorgen, jedoch übermäßiges, einseitiges Durchdrehen verhindern.
Für sämtliche in diesem Buch behandelte Opel-Modelle sind ZF-Lamellen-Sperrdifferentiale zum Teil ab Werk lieferbar. Sie können auch nachträglich unter der Teile-Nr. 404 102 für die kleine Kadett-Baureihe (1100/1200) und unter der Teile-Nr. 404 103 für Ascona/Manta/GT/Kadett 1900 von Opel bezogen werden. Für Wettbewerbe sind bei den Tuningfirmen Sperrdifferentiale mit erhöhter Sperrwirkung (50% und 75%; Serie 25%) lieferbar. Bei der Bestellung eines Sperrdifferentials ist unbedingt die Achsantriebsübersetzung anzugeben, da die für die „langen" Übersetzungen 3,18 und 3,44 Sperren mit kleinerem Gehäuse notwendig sind.

Das ZF-Lamellensperrdifferential ist – in verschiedenen Ausführungen – für alle Opel-Modelle erhältlich. Die nachträgliche Montage macht keinerlei Schwierigkeiten.

FAHRWERK

Bei jedem Automobil versucht der Hersteller im Rahmen der konstruktiven und kalkulationsbedingten Möglichkeiten einen erträglichen Kompromiß zwischen guten Fahreigenschaften und befriedigendem Fahrkomfort zu finden. Dies gelingt freilich nicht immer und da das Ganze selbst bei einem positiven Ergebnis immer noch ein Kompromiß bleibt, ergeben sich bei fast jedem Serienauto genügend Möglichkeiten, die Fahreigenschaften oder besser gesagt die „Straßenlage“, nachträglich zu verbessern. Daß dabei auf anderer Ebene, nämlich am Komfort, meist gewisse Abstriche gemacht werden müssen, sollte man berücksichtigen.
Das Ziel jeder Fahrwerksverbesserung ist in erster Linie, höhere Kurvengeschwindigkeiten zu erreichen. Weiterhin strebt man eine gute Bodenhaftung der Räder – auch bei unebener Fahrbahn – an, und ein sicheres Verhalten in schnell gefahrenen Wechselkurven (Wedeln). Schließlich sollten auch gut kontrollierbare Fahreigenschaften im Grenzbereich zu den Voraussetzungen einer guten Straßenlage gehören.
Für das Erreichen dieser hohen Ziele sind primär folgende Faktoren maßgebend:

- Schwerpunkthöhe
- Spurweite und Radstand
- Gewichtsverteilung
- Art und Ausführung der Radaufhängung

Es sind dies, wie man sieht, für jeden Autotyp weitgehend festliegende konstruktive Tatsachen. Neben diesen primären Einflußgrößen, die sich nachträglich bei einem Serienauto nur in engen Grenzen ändern lassen, bestimmen noch eine Reihe anderer Faktoren die Fahreigenschaften, wie z. B. Stoßdämpfer, Federhärte, Reifen, Felgen, Stabilisatoren usw. Es gilt nun zu versuchen, aus dem vorhandenen Grundkonzept durch möglichst wenige Veränderungen eine wesentliche Verbesserung der Fahreigenschaften zu erreichen. Hierzu bedarf es oftmals nur relativ einfacher Maßnahmen.

Stoßdämpfer

Der Einbau härterer Stoßdämpfer ist eine einfache, aber sehr wirksame Methode, die Fahreigenschaften und das Kurvenverhalten eines Automobils zu verbessern. Bekanntlich haben Stoßdämpfer die Aufgabe, unkontrollierbare und der Bodenhaftung abträgliche Schwingungen der Räder und der Radaufhängung zu verhindern. Dies können sie umso besser, je härter ihre Einstellung ist. Eine zu harte Stoßdämpfereinstellung wird jedoch bei Serienautomobilen aus Komfortgründen vermieden, während man bei sportlicher Fahrweise und bei Wettbewerben durchaus zugunsten der Straßenlage auf Federungskomfort verzichten kann.
Härtere Stoßdämpfer verbessern jedoch nicht nur die Bodenhaftung der Räder, sondern – da sie das Ein- und Ausfedern gleichermaßen er-

Wesentliche Kennzeichen der verbesserten Ascona-Manta-Hinterradaufhängung sind die großen, nahezu senkrecht stehenden Stoßdämpfer und der relativ lange Panhardstab.

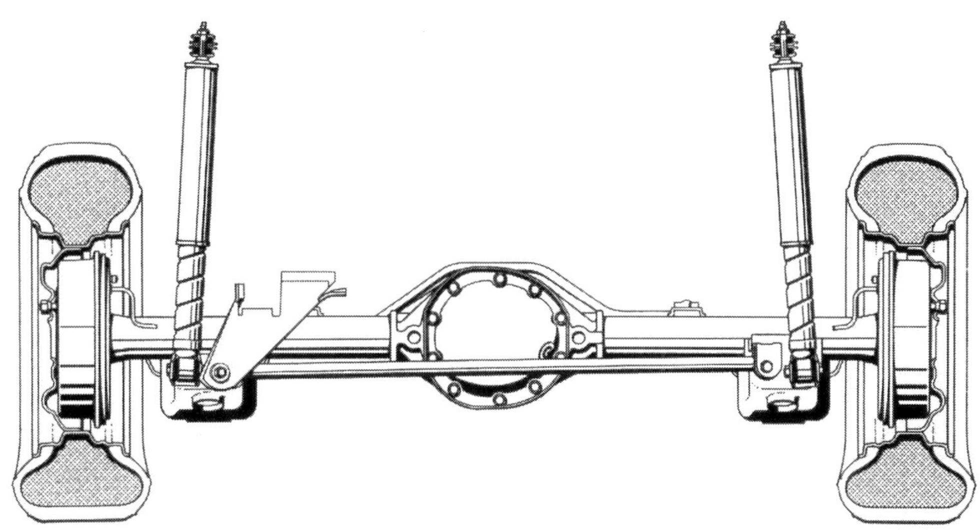

schweren – unterdrücken auch Wankbewegungen des Aufbaus. Dadurch wird das Fahrverhalten in Wechselkurven wesentlich stabiler und sicherer.

Bei den heute üblichen hydraulischen Teleskopstoßdämpfern wird die Dämpfkraft beim Ein- und Ausfedern werkseitig eingestellt und ist nachträglich nicht zu ändern. Nur relativ teure Spezialfabrikate (z. B. Koni) erlauben eine nachträgliche Korrektur. Da jedoch das Ermitteln der günstigsten Stoßdämpferabstimmung umfangreiche Versuche erfordert, ist es vorteilhaft, wenn man auf werkseitig richtig abgestimmte Sportstoßdämpfer zurückgreifen kann. Eine exakte Überprüfung der Dämpfkraft in der Zugstufe (Ausfedern) und der Druckstufe (Einfedern) ist nur mit einer Stoßdämpfer-Prüfmaschine möglich.

Natürlich ist es nicht so, daß es nun dem Kunden überlassen bleibt, die jeweils richtige Dämpfereinstellung selbst herauszufinden. Sowohl die Firma Irmscher als auch Steinmetz bieten für alle in diesem Buch besprochenen Opel-Modelle speziell abgestimmte Stoßdämpfer für Straße (mit Rücksicht auf den Fahrkomfort), Rallyes und Rennen an. Dabei bevorzugt Steinmetz das Fabrikat Koni während Irmscher mit Gasdruckstoßdämpfern von Bilstein arbeitet.

Die Spezial-Stoßdämpfer werden normalerweise an Stelle der Serienstoßdämpfer in den serienmäßigen Aufhängungspunkten montiert. Beim Kadett und GT sind jedoch die hinteren Stoßdämpfer sehr schräggestellt, was einen Verlust an Dämpferweg und damit Dämpfwirkung bedeutet. Für den Wettbewerbseinsatz dieser Opel-Fahrzeuge empfiehlt es sich darum, die hinteren Stoßdämpfer möglichst senkrecht einzubauen, wozu ein neuer oberer Aufhängungspunkt in der Karosserie vorgesehen werden muß. Bei der Umrüstung von Rennfahrzeugen nehmen Steinmetz und Irmscher diese Änderung vor. Beim Manta/Ascona ist diese Maßnahme nicht notwendig, da bereits in der Serie eine nahezu senkrechte Lage der Stoßdämpfer realisiert werden konnte.

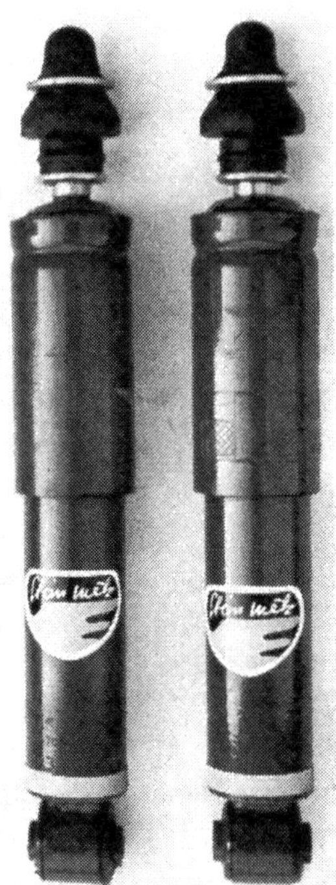

Speziell abgestimmte Bilstein-Stoßdämpfer (für Straße, Rally und Rennen) sind bei Irmscher für alle Opeltypen erhältlich. Der Bilstein-Gasdruckstoßdämpfer bietet besonders im harten Einsatz eine gleichbleibend gute Dämpfwirkung.
Ausschließlich Koni-Stoßdämpfer – die bis zu einem gewissen Grad nachstellbar sind – verwendet Steinmetz für seine getunten Opel-Fahrzeuge. Steinmetz bietet für jeden Typ neben einer Straßeneinstellung eine Dämpfercharakteristik für Wettbewerbe an.

Sturz und Spur

Diese beiden Kenndaten eines Fahrgestells sind für die Fahreigenschaften von wichtiger Bedeutung, umso mehr, als sie bei den meisten Serienautos in bestimmten Grenzen nachträglich variiert werden können. So ist man bestrebt, den Rädern dort einen negativen Sturzwinkel zu geben, wo dies ohne zu große Änderungen möglich ist und wo eine Verbesserung der Seitenführung erwünscht ist. Denn ein gegen die Kurve gestürztes Rad (negativer Sturz) ermöglicht durch die zusätzlich hinzukommende Sturzseitenkraft eine insgesamt höhere Seitenführungskraft.
Natürlich ist bei einer Starrachse, wie sie bei den hier besprochenen Opel-Fahrzeugen als Hinterradaufhängung konzipiert ist, keine Änderung des Sturzes möglich. Die Räder laufen, solange sie beide am Boden sind, unter allen Bedingungen sturzfrei, was bei der Verwendung von überbreiten Racing- Reifen sogar als Vorteil anzusehen ist. Eine Änderung des Sturzes kommt darum nur für die Vorderachse in Frage. Für den Kadett/GT empfiehlt Irmscher für Straße und Rallyes ca. $\frac{1}{2}^\circ$ negativen Sturz, für Rennen ca. 1°. Man erreicht diese Werte durch Versetzen des oberen Anlenkpunktes der oberen Querlenker nach innen. Die Typen Manta/Ascona laufen bereits serienmäßig mit einem Vorderradsturz von ca. – 1°, so daß bei diesen Typen nur für Rennzwecke stärkere Sturzwinkel vorzusehen sind. Diese lassen sich durch geänderte Führungsgelenke an den Achsschenkeln auf ca. 1° 40′ erhöhen, durch geänderte Vorderachsträger auf ca. 2° 45′. Nach einem solchen – nicht ganz einfachen Umbau – ist in jedem Falle eine optische Vermessung der Vorderachse – und gegebenenfalls eine Korrektur – notwendig.
Auch die Spurweite der Räder spielt für die erreichbaren Kurvengeschwindigkeiten und die Fahreigenschaften eine wichtige Rolle. Denn eine breitere Spur erlaubt bei gleichbleibender Schwerpunkthöhe eine bessere seitliche Abstützung der auftretenden Zentrifugalkräfte. Noch günstiger wird das Verhältnis, wenn man gleichzeitig durch Tiefersetzen den Gesamtschwerpunkt des Wagens um einige Zentimeter senken kann. Eine Spurverbreiterung sollte nach Möglichkeit durch Felgen mit geänderter Einpreßtiefe herbeigeführt werden.

Federn und Stabilisatoren

Eine Änderung der Federn und der Stabilisatoren hat, wie jede andere fahrwerksseitige Maßnahme, eine Verbesserung der Fahreigenschaften und eine Erhöhung der Kurvengrenzgeschwindigkeit zum Ziel. Dabei werden in der Regel härtere und kürzere Federn und härtere Stabilisatoren eingebaut. In vielen Fällen genügt es jedoch auch, vorhandene Serienfedern zu kürzen bzw. zu spreizen (bei Blattfedern), um den gewünschten Effekt, – nämlich ein Absenken des Wagenaufbaus und damit eine Absenkung des Schwerpunkts – zu erzielen. Der zweite Effekt, die Verbesserung des Handlings in Kurven und bei Wechselkurven infolge geringerer

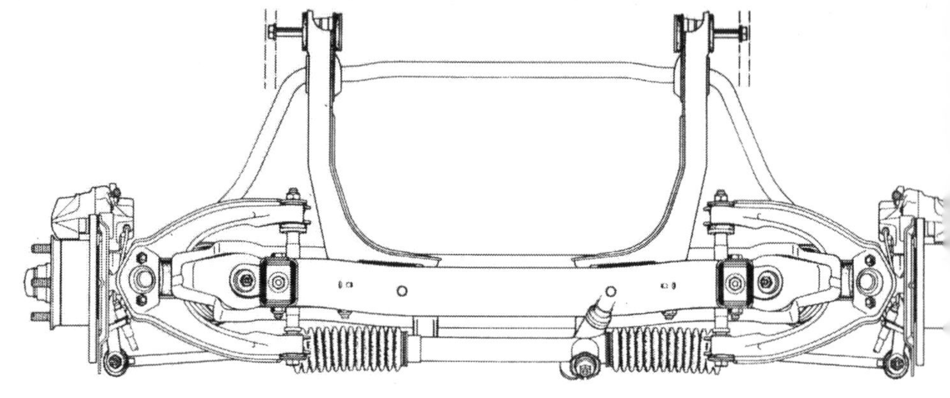

Modern konzipiert ist die Vorderachse des Ascona/Manta (oben). Der Stabilisator dient gleichzeitig als Zugstrebe für die Aufnahme der Bremskräfte. Über Schraubenfedern stützt sich der untere Querlenker an der Karosserie ab. Ohne Zugstrebe und mit Querblattfeder arbeitet die Vorderachse der Modelle Kadett/GT (Mitte). Für den harten Renneinsatz ist die Montage einer Zugstrebe notwendig (unten) sowie die Verwendung eines Stabilisators.

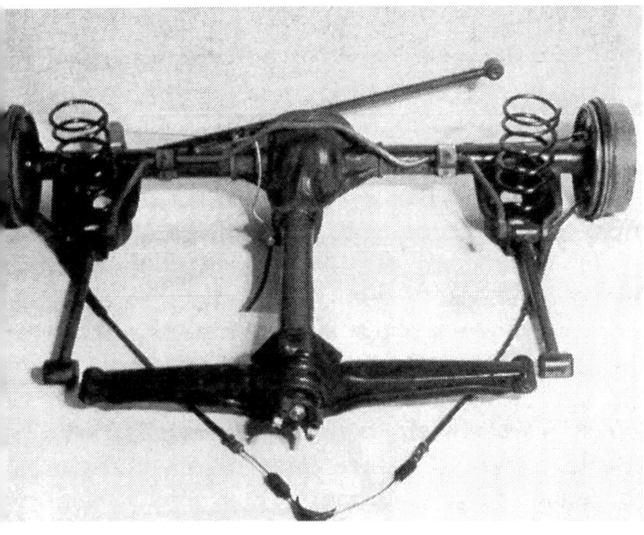

Gut geführt ist die starre Hinterachse der Modelle Ascona/Manta, die sich nur in geringfügigen Details von der Achse des Kadett/GT unterscheidet. Das vordere Zentralgelenk übernimmt die Abstützung der durch Bremsen und Beschleunigen auftretenden Kräfte.

Wankneigung (Schaukeln um die Hochachse) des Wagens, läßt sich oft schon allein durch den Einbau härterer Stabilisatoren erreichen. Für Wettbewerbsfahrzeuge sollte man jedoch wenn möglich von beiden Methoden (Änderung der Federn und der Stabilisatoren) Gebrauch machen.

Da der Einbau anderer Federn und Stabilisatoren auch das Eigenlenkverhalten beeinflußt, sind folgende Zusammenhänge zu beachten:

● Härtere Federn und/oder härterer Stabilisator an der Vorderachse mindert Übersteuern bzw. fördert Untersteuern.

● Härtere Federn und/oder härterer Stabilisator an der Hinterachse mindert Untersteuern bzw. fördert Übersteuern.

Für den Kadett und GT, die an der Vorderachse eine Querblattfeder besitzen, sind härtere Federn bzw. Federn mit geringerer Höhe bei den Tuningfirmen Irmscher und Steinmetz erhältlich. Die hinteren Federn können normalerweise beibehalten werden, wobei sie bis zu 1/2 Windung gekürzt werden können. Für Wettbewerbswagen hat Irmscher auch kürzere progressive Federn im Programm. Serienmäßig sind der Kadett 1200 S/1900 S bereits vorn und hinten mit Stabilisatoren ausgerüstet, beim GT sind sie auf Wunsch lieferbar. Für Straßenbetrieb und Rallyes wird vorne ein stärkerer Stabilisator mit 20 mm ⌀ empfohlen, maximal 22 mm ⌀ (Serienmäßig 18 mm ⌀). Der hintere Stabilisator (14 mm ⌀) bleibt. Bei kompromißlosen Rennfahrzeugen (Rundstrecke) können vorn Stabilisatordurchmesser bis zu 25 mm ⌀ (Kadett) bzw. 22 mm ⌀ (GT) und hinten bis 18 mm ⌀ (Kadett/GT) gefahren werden. Für den Renn- und Wettbewerbseinsatz empfiehlt sich außerdem der Einbau zweier zusätzlicher Zugstreben an den unteren Querlenkern der Vorderachse, um eine exaktere Radführung zu erzielen (Kadett/GT).

Bei den Typen Ascona/Manta ist eine Zugstrebe überflüssig, weil der vordere Stabilisator die Längsführung der Vorderachse übernimmt. Beide Typen sind außerdem serienmäßig vorn und hinten mit Schraubenfedern ausgerüstet, wobei hinten progressive Federn verwendet werden. Steinmetz bietet für Manta/Ascona

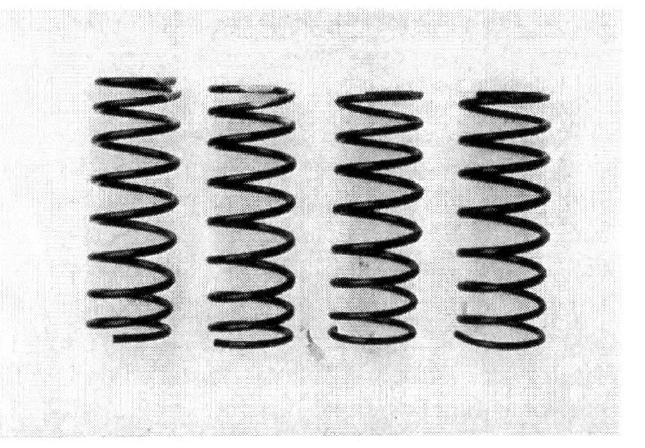

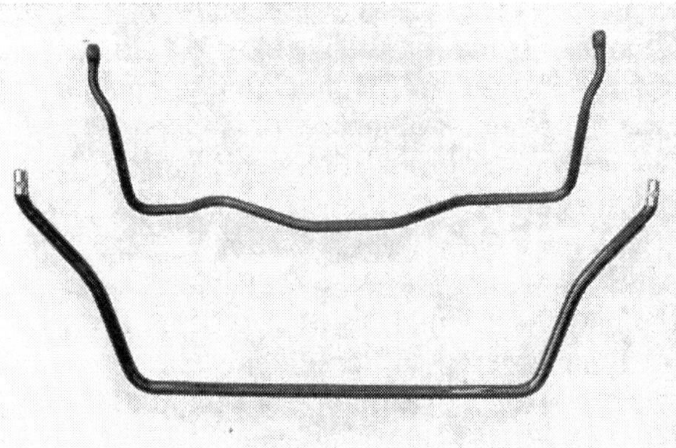

einen kompletten Satz härtere progressive Federn an, womit der Wagen ca. 30 mm tiefergelegt wird, ohne daß sich die Zuladung ändert. Auch bei Irmscher sind kürzere Spezialfedern – in Verbindung mit geänderten Stoßdämpfern – erhältlich.

Für den Straßenbetrieb sind normalerweise die Serienstabilisatoren (Vorderachse 22 mm ∅; Hinterachse 14 mm ∅) voll ausreichend. Für den Wettbewerbseinsatz bietet Steinmetz stärkere Stabilisatoren an, wobei vorne maximal 26 mm ∅, hinten maximal 18 mm ∅ zum Einbau kommen. Irmscher arbeitet vorne mit einem Zusatzstabilisator (14 mm ∅ bis 18 mm ∅) wobei der Serienstabilisator beibehalten wird.

Für den Renn- und Wettbewerbseinsatz sind außerdem zusätzliche Modifikationen an der Hinterachse notwendig, um eine exaktere Führung zu erzielen. Einfachste Methode, um den Spurversatz der Hinterachse beim Einfedern zu reduzieren, ist ein längerer Panhardstab. Diese Maßnahme bringt vor allem beim Kadett/GT-Fahrwerk eine deutliche Verbesserung, da hier der Panhardstab in der Serie relativ kurz ausgefallen ist. Wesentlich aufwendiger, dafür aber völlig exakt, ist der Einbau eines Wattgestänges für die Hinterachse (bei Steinmetz erhältlich).

Zu den wesentlichen Bestandteilen einer konsequenten Fahrwerksverbeserung, wie sie z. B. für Rennen unumgänglich ist, zählen härtere (in diesem Fall progressive) Fahrwerksfedern und stärkere Stabilisatoren. Sämtliche Teile sind bei den Tuningfirmen (Irmscher/Steinmetz) erhältlich. Für den Renneinsatz empfiehlt sich außerdem die Montage kürzerer Lenkhebel (beim GT serienmäßig), um eine direktere Lenkübersetzung zu erzielen (unten).

Eine absolut exakte Querführung der Hinterachse gewährleistet die Verwendung eines sogenannten Wattgestänges (erhältlich bei Steinmetz).

Räder und Felgen

Der im Rennsport und auch in der Serienfabrikation zu beobachtende Trend nach breiten Felgen hat einen einfachen realen Hintergrund. Selbst bei gleichbleibender Reifengröße sind die übertragbaren Seitenkräfte bei einer breiteren Felgenbasis höher. Breitere Felgen sind darum ebenfalls eine relativ einfache und wirksame Methode, die Fahreigenschaften zu verbessern. Dies gilt um so mehr, wenn sich damit noch eine Spurverbreiterung verbinden läßt. Die Grenzen einer Spur- und Felgenverbreiterung sind in der Regel durch die Karosserieabmessungen (Radkasten) festgelegt, denn die Räder sollen unter keinem Belastungszustand an der Karosserie schleifen.

Noch günstigere Ergebnisse als mit breiteren Stahlfelgen lassen sich mit Leichtmetallrädern erreichen. Da das Gewicht der Räder und Radaufhängung (ungefederte Massen) aus Gründen der Bodenhaftung möglichst gering sein soll, bieten hier Leichtmetallräder bessere Voraussetzungen. Als Nachteile stehen dem gegenüber der relativ hohe Preis und die nicht bei allen Fabrikaten ausreichende Festigkeit und Fertigungsgenauigkeit.

Lochscheibenräder bis zu einer maximalen Breite von 6 Zoll sind eine gute und preiswerte Lösung, die Fahreigenschaften zu verbessern. Bei größeren Felgenbreiten sind wegen des bei Stahlrädern zu stark ansteigenden Gewichts Leichtmetallräder vorzuziehen.
Im Renneinsatz haben sich dreiteilige Räder sehr gut bewährt, die neben geringem Gewicht den Vorzug optimaler Anpassungsfähigkeit aufweisen.

Wie extrem die Felgenbreiten bei Rennfahrzeugen gewachsen sind, zeigt dieser Vergleich einer nahezu 10 Zoll breiten Rennfelge gegenüber einer Serienfelge.

In der Serie sind alle hier besprochenen Opel-Modelle (mit Ausnahme des Kadett 1100/50 PS) mit Stahl-Lochscheibenrädern brauchbarer Dimensionen ausgerüstet. So besitzen der Kadett/GT bereits Felgen der Größe 5 J x 13. Ohne Kotflügelverbreiterungen sind beim Kadett maximal um ½ Zoll breitere Felgen (5½ J x 13 mit 19 mm Einpreßtiefe), beim GT/GTJ 6 J x 13 mit 16 mm Einpreßtiefe unterzubringen. Für den Straßenbetrieb sind diese Felgenbreiten vollkommen ausreichend, zumal sie auch die Verwendung vernünftiger Reifengrößen gestatten. Mit Kotflügelverbreiterungen sind an beiden Fahrzeugen (für Rallyes) Felgenbreiten bis zu 7 Zoll vorn und hinten realisierbar, für den Rennbetrieb liegen die maximalen Felgenbreiten vorn bei 9 Zoll, hinten bei 9½ Zoll.

Die Typen Ascona/Manta sind von Haus aus auf Wunsch mit breiteren Felgen (5½ J x 13 in Verbindung mit Bereifung 185/70 SR 13) lieferbar. Wer es noch breiter haben möchte, kann ohne Kotflügelverbreiterungen bis 6 J x 13 gehen (Einpreßtiefe 30 mm). Mit Kotflügelverbreiterungen sind für den Straßenbetrieb Felgen bis zu 7 Zoll Breite zu empfehlen, im Rennbetrieb sind vorne 9 Zoll, hinten 10 Zoll Felgenbreite möglich.

Stahl- und Leichtmetallräder entsprechender

Auch auf der Vorderachse lassen sich beträchtliche Reifen- und Felgenbreiten unterbringen, die allerdings nur für Wettbewerbe empfohlen werden können.

Breite und Einpreßtiefe sind bei allen Tuningfirmen lieferbar. Allerdings sollte man Stahlräder wegen des hohen Gewichts nicht über 6 Zoll Breite verwenden. Für Wettbewerbszwecke haben beide Tuningfirmen dreiteilige Leichtmetallräder im Programm, die sich auf Grund ihrer teilbaren Felgen optimal dem vorhandenen Raum anpassen lassen.

Die richtigen Reifen

Sämtliche in diesem Buch behandelten Opel-Modelle können ab Werk (soweit sie serienmäßig nicht ohnehin damit ausgerüstet sind) mit Gürtelreifen bezogen werden, die wir unter allen Umständen für getunte Fahrzeuge empfehlen wollen. Sollte das betreffende Auto nach erfolgreichem Tuning in der Lage sein, schneller als 180 km/h zu fahren, so sind natürlich sogenannte HR-Reifen notwendig, deren zulässige Höchstgeschwindigkeit 210 km/h beträgt. Für Fahrzeuge, die sich mit maximal 180 km/h begnügen, sind SR-Reifen ausreichend.

Als normale Reifengröße steht für den Kadett die Dimension 155-13, bei den übrigen Typen die Dimension 165-13 zur Verfügung. Der Wunsch nach mehr Reifenbreite und Auflagefläche kann beim Kadett mit der Größe 165-13 (dann wird es im Radkasten schon knapp) oder mit der neuen Reifengröße 175/70-13 befriedigt werden. Bei den Typen Ascona/Manta/GT sind 70er-Reifen ohnehin empfehlenswert, sie können zum Teil als Sonderausstattung beim Neukauf des Wagens geliefert werden. Als Reifendimension kommt hier 185/70-13 in Frage, bei Ascona/Manta, die etwas mehr Platz im Radkasten haben, läßt sich auch die Größe 195/70-13 unterbringen.

Reifen der 70er Serie (Höhe zu Breite = 0,70) haben den Vorteil, daß sie bei annähernd glei-

Mehr als doppelt so breit wie beim Serienreifen (165–13) ist die Lauffläche dieses für die Hinterachse bestimmten Dunlop Racing (4.50/11.60–13).

chem Abrollumfang wie die Normalgürtelreifen (Höhe zu Breite = 0,80) eine wesentlich breitere Aufstandsfläche besitzen. Sie verbessern dadurch die Seitenführung und die übertragbaren Umfangskräfte.

Im Renneinsatz werden (wie auch in zunehmendem Maße bei Rallyes) grundsätzlich Racing-Reifen gefahren. Es ist jedoch prinzipiell davon abzuraten, Racing-Reifen im normalen Straßenverkehr zu verwenden, da sie hierfür ungeeignet sind. In unserer Reifentabelle sind die in Frage kommenden Größen (Dunlop Racing) aufgeführt. Rennreifen sind außerdem mit verschiedenen Gummimischungen erhältlich, die in der Rutschfestigkeit und im Verschleiß zum Teil sehr unterschiedlich sind. Die folgenden Hinweise gelten für Dunlop-Racing:

- Mischung 184
  für trockene Fahrbahn, geringer Abrieb.
- Mischung 970
  Für trockene und nasse Fahrbahn,
  relativ geringer Abrieb.
- Mischung 350
  universell für trockene und nasse Fahrbahn,
  erhöhter Abrieb.
- Mischung 356
  in erster Linie für nasse Fahrbahn.

Außer mit verschiedenen Gummimischungen gibt es Racing-Reifen noch mit unterschiedlichem Profil, je nach Verwendungszweck. Folgende Profile sind zur Zeit bei Dunlop erhältlich.

CR 92: Profillos mit Kontrolleinschnitten, nur für trockene Bahn.

CR 84: Reines Längsrillenprofil für trockene Bahn, bei feuchter Bahn noch verwendbar.

CR 82
CR 65: Universalprofile für trockene und nasse Bahn.

CR 88: Reines Regenprofil, hoher Verschleiß bei trockener Bahn.

Reifen/Felgen-Tabelle

Reifen	Größe	Felgenbreite (Zoll)	Abrollumfang (mm)
Gürtelreifen	155-13	4–5	1755
	175/70-13	5–5½	1760
	165-13	4½–5½	1803
	185/70-13	5–6½	1800
	195/70-13	5½–7	1835
Racing (Dunlop)	4.50 M-13	5–7	1755
	5.00 L-13	5–7	1832
	5.25 M-13	5½–7½	1878
	4.75/10.00-13	7–9	1811
	4.75/11.50-13	8–10	1811
	4.50/11.00-13	8–9	1776
	4.50/11.50-13	8½–10	1776
	4.50/11.60-13	9–10	1776
	4.30/11.50-13	8½–10	1762

Bremsen

Der Aufbau der Bremsanlage ist bei allen hier besprochenen Opel-Modellen (außer Kadett 1100/50 PS) einheitlich. Sie besitzen vorne Scheibenbremsen und hinten Trommelbremsen mit getrennten Bremskreisen. Alle Fahrzeuge haben serienmäßig einen Unterdruck-Bremskraftverstärker. In der Dimensionierung ist die Bremsanlage bei den Typen Ascona/Manta/GT/Kadett 1900 gleich, (510 cm^2 Gesamtbremsfläche), lediglich der Kadett 1200 hat eine kleiner bemessene Bremsanlage (292 cm^2 Gesamtbremsfläche). Für geringe Leistungssteigerungen (etwa 10 – 15%) sind die Serienbremsanlagen der einzelnen Typen voll ausreichend. Bei höheren Leistungssteigerungen empfiehlt sich beim kleinen Kadett der Einbau der größeren Bremssättel des Kadett 1900 S.

Bei allen übrigen Opel-Typen (Ascona/Manta/GT/Kadett 1900) werden Änderungen der Bremsanlage erst ab 100 PS vorgeschrieben. Von 100 PS bis 106 PS sind für die Hinterradbremse geklebte Bremsbeläge zu verwenden. Eine Verbesserung der Vorderradbremse läßt sich durch die Verwendung von Bremsbelägen Textar V 1431 G erreichen. Von 106 bis 122 PS sind vorn innenbelüftete Bremsscheiben mit Textar V 1431 G vorgeschrieben, hinten geklebte Beläge Textar 1071. Außerdem ist eine hochsiedente Bremsflüssigkeit (z. B. Ate S) notwendig, der Flüssigkeitsvorratsbehälter ist mit einer Kappe zu schließen, die Bremsflüssigkeit selbst muß alle 12 Monate gewechselt werden.

Für Leistungen über 122 PS bis 150 PS ist für

Für den Wettbewerbseinsatz und bei höheren Leistungssteigerungen sind innenbelüftete Bremsscheiben an der Vorderachse obligatorisch (oben Kadett, darunter Manta/Ascona). Im Renneinsatz werden auch an der Hinterachse innenbelüftete Scheibenbremsen benutzt.

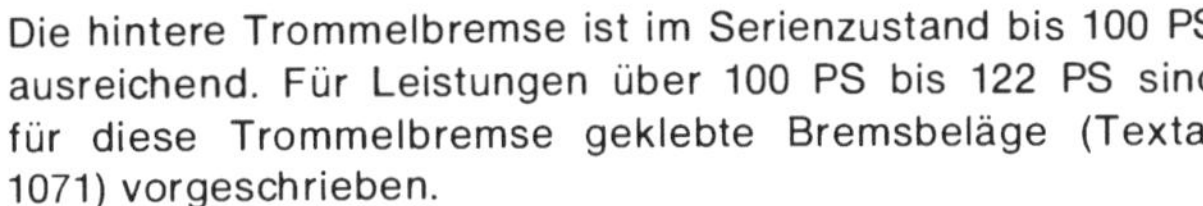

Die hintere Trommelbremse ist im Serienzustand bis 100 PS ausreichend. Für Leistungen über 100 PS bis 122 PS sind für diese Trommelbremse geklebte Bremsbeläge (Textar 1071) vorgeschrieben.

Bei höheren Leistungen als 122 PS, sind für alle hier besprochenen Opel-Typen hinten Scheibenbremsen vorgeschrieben. Innenbelüftete Bremsscheiben allerdings erst ab 150 PS. Die Verwendung eines Aluminium-Bremssattels (im Bild) ist nur bei Wettbewerbsfahrzeugen sinnvoll.

die Hinterradbremse eine Scheibenbremse vorgeschrieben. Über 150 PS muß auch die hintere Scheibenbremse innenbelüftet sein. Die Tuningfirmen Irmscher und Steinmetz haben alle notwendigen Bremsumbauteile in ihrem Programm.

Zuletzt noch ein Tip: starkes Bremshoppeln der Hinterachse läßt sich durch spielfreies Lagern des Deichselrohrs beseitigen. Für diese Lagerung ist der Hinterachs-Anschlagpuffer der Rekord-C-Modelle geeignet.

Um das Springen der Hinterachse beim starken Abbremsen zu verhindern, ist das Deichselrohr der Hinterachse spielfrei und härter zu lagern.

SPORTLICHES ZUBEHÖR

Zur großen Freude der einschlägigen Branche sind die meisten Autofahrer mit der serienmäßigen Ausstattung ihres erworbenen Automobils selten zufrieden. Das Angebot der Zubehörindustrie ist dementsprechend groß und breit gefächert. Doch sollen hier nur solche Artikel interessieren und vorgestellt werden, die entweder durch das nachträgliche Tuning eines Automobils notwendig werden, oder aber dem Geschmack und den Ansprüchen des sportlich eingestellten Fahrers besonders entgegenkommen bzw. für den Wettbewerbseinsatz nützlich sind.

Instrumente

Zu den notwendigen Dingen zählen hier zunächst diverse Zusatzinstrumente, die dazu dienen, das Wohlbefinden eines leistungsgesteigerten Motors kontrollieren zu können und somit überraschende Schäden (durch Überhitzung oder Öldruckabfall z. B.) vermeiden helfen. Für den getunten Opel-Motor sind hierzu vier Instrumente vonnöten: **Drehzahlmesser, Ölthermometer, Wasserthermometer** und **Öldruckmesser.** Die modernen Zusatzinstrumente arbeiten fast alle mit elektrischer Übertragung, was zwar nicht unbedingt ihre Anzeigegenauigkeit erhöht, aber ihren Einbau sehr erleichtert. VDO liefert für den Opel komplette Einbausets mit allen notwendigen Teilen. Der Drehzahlmesser, sofern noch nicht vorhanden, kann an Stelle der Zeituhr im Armaturenbrett untergebracht werden. Opel-Fahrzeuge, die mit Rallye-Ausstattung geliefert werden, verfügen in der Regel über die genannten Zusatzinstrumente, so daß der nachträgliche Einbau entfällt. Für Rennzwecke ist ein mechanisch angetriebener Drehzahlmesser empfehlenswert.

Normalerweise reichen bei den Zusatzinstrumenten folgende Meßbereiche aus:

- Drehzahlmesser bis 8000 U/min
- Ölthermometer bis 140 Grad
- Wasserthermometer bis 120 Grad
- Öldruckmesser bis 5 atü.

Sitze

Zu den nicht unbedingt notwendigen, aber in jedem Fall empfehlenswerten Accessoires zählt vor allen Dingen ein guter Fahrersitz, was nicht heißen soll, daß es der Beifahrer schlechter haben muß. Denn die Seriensitze der meisten Automobile sind in den seltensten Fällen für schnelles Fahren geeignet, da sie in den Kurven zu wenig seitlichen Halt bieten und in der Sitzfläche zu flach und zu weich gepolstert sind. Neben den reinen Schalensitzen, die vornehmlich für den Wettbewerbseinsatz oder für harte Männer zu empfehlen sind, gibt es noch eine Reihe von körpergerecht ausgearbeiteten Sportsitzen, die außerdem einen annehmbaren Komfort aufweisen können. Im Alltagsbetrieb und im Sport haben sich die Sport- und Schalensitze der Firmen Recaro und Scheel besonders gut bewährt. Die genannten Fabrikate sind auch in Material-Qualität und Verarbeitung recht gut. Die Preise liegen zwischen 250 und 400 Mark pro Sitz, einschließlich der zum Einbau notwendigen Konsole.

Lenkräder

Ebenso wie gute Sitze zählen auch vernünftige

Nahezu vollständig instrumentiert sind der GT und die Rallye-Ausführungen (SR) der Modelle Kadett/Ascona/Manta.

Sportlenkräder zu jenen Artikeln, die man als sportlicher Fahrer oder als Sportfahrer nicht missen möchte. Abgesehen davon, daß ein solches Lenkrad besser aussieht, trägt es auch durch seine geringere Massenträgheit zu einem besseren Fahrbahnkontakt bei. Als Sportlenkräder werden heute fast ausnahmlos Leichtmetallenkräder mit gepolstertem Lederkranz benutzt, die nicht nur griffsympathischer als die früher verwendeten Holzlenkräder sind, sondern im Falle eines Falles auch splittersicher. Auch hier gibt es in Qualität und Preis sehr unter-

Der Austausch der Zeituhr gegen ein Ölthermometer ist prinzipiell zu empfehlen.

Sportlenkräder mit gepolstertem Lederkranz sind nicht nur eine Augenweide, sondern bieten auch beim Fahren echte Vorteile, wie z. B. bessere Griffigkeit und Feinfühligkeit für die Lenkung.

schiedliche Ausführungen, so daß man nur die Empfehlung geben kann, sich an bewährten Markenfabrikaten zu orientieren. Die Preise für ein gutes Lederlenkrad liegen, einschließlich der zum Einbau notwendigen Nabe, zwischen 150 und 200 Mark. Im Durchmesser kann man ca. 350 mm als untere Grenze ansehen.

Sicherheit

Man braucht nicht unbedingt ein Sicherheitsapostel zu sein, um sich zu einem weiteren sehr wichtigen Zubehör zu entschließen, nämlich zu Anschnallgurten. Schließlich ist es unbestritten, daß bei Kollisionen leichterer Natur oder bei Überschlägen Sicherheitsgurte den meisten Schutz bieten, wenn sie vernünftig ausgeführt sind und wenn die Karosserie-Fahrgastzelle ausreichend steif ist. Zur Versteifung des Daches empfiehlt sich ein Überrollbügel, wie er von Irmscher, Steinmetz und anderen Händlern angeboten wird. Für Wettbewerbsfahrzeuge sind Überrollbügel in Form und Ausführung exakt vorgeschrieben.

Bei den Gurten selbst sollte man auf ausreichend breites Gurtmaterial und ordentliche Verschlüsse achten. Auch ist in jedem Fall dem etwas teureren Dreipunktgurt – gegenüber dem einfachen Schrägschulter- oder Bauchgurt – der Vorzug zu geben. Die notwendigen Befestigungspunkte sind bei der Opel-Karosserie schon vorgesehen, so daß die Montage keine Schwierigkeiten bereitet. Für den Renneinsatz sind sogenannte Hosenträgergurte, die ein besonders sicheres Anschnallen gewährleisten, vorzuziehen. Allerdings schränken sie den Rücksitzraum ein.

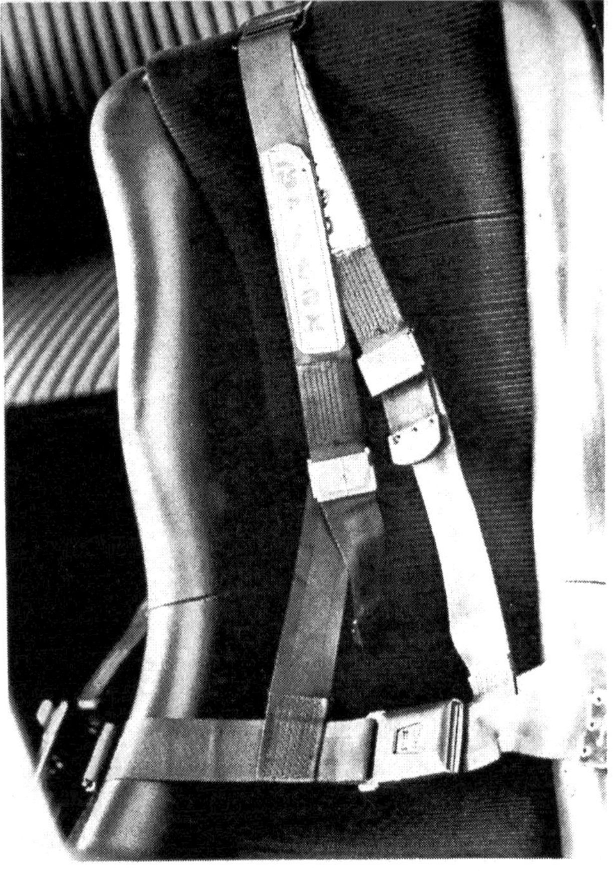

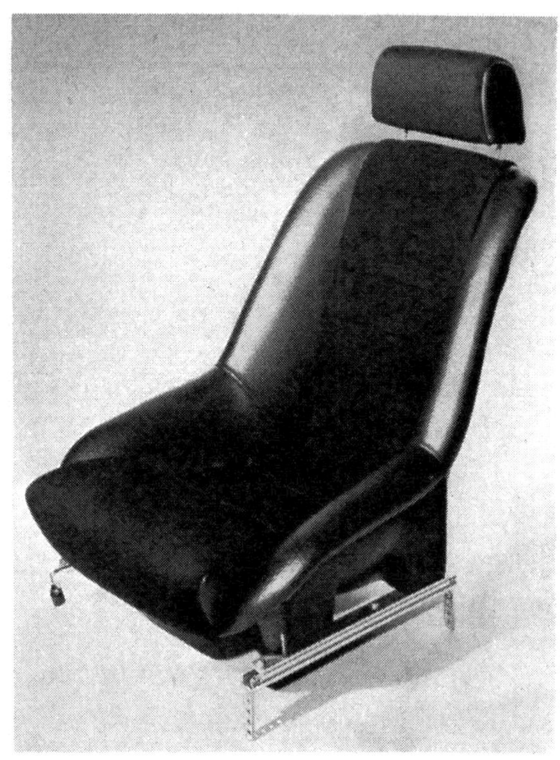

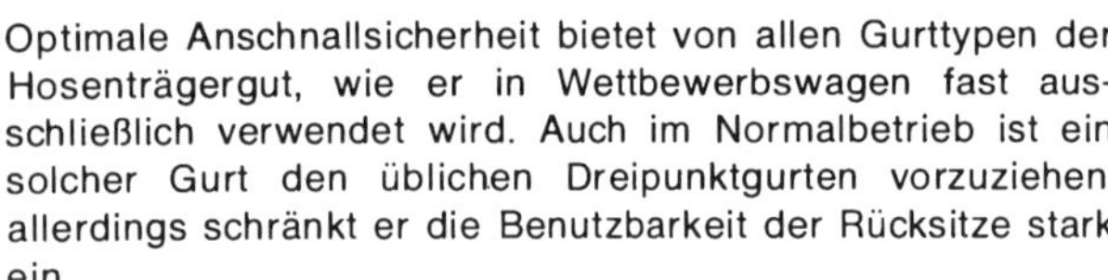

Optimale Anschnallsicherheit bietet von allen Gurttypen der Hosenträgergut, wie er in Wettbewerbswagen fast ausschließlich verwendet wird. Auch im Normalbetrieb ist ein solcher Gurt den üblichen Dreipunktgurten vorzuziehen, allerdings schränkt er die Benutzbarkeit der Rücksitze stark ein.

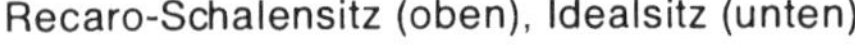

Recaro-Schalensitz (oben), Idealsitz (unten).

Scheinwerfer

Nicht zuletzt möchten wir auch noch eine Verbesserung der Beleuchtung vorschlagen. Wer die hohen Fahrleistungen eines getunten Opel auch bei Nacht ausnutzen möchte, kommt um zusätzliche Halogen-Fernscheinwerfer (sofern noch nicht vorhanden), kaum herum. Diese sollten mindestens einen Lichtaustritt von 135 mm haben, um eine gute Reichweite und Lichtausbeute zu gewährleisten. Sehr gut haben sich die Modelle von Cibié (Typ Oskar) und Hella (Typ Le Mans) in Wettbewerben bewährt. Es handelt sich dabei um sehr große Scheinwerfer, die einer stabilen Befestigung bedürfen. Von Bosch, Hella, Cibié, Marchal und Carello sind auch kleinere Fernscheinwerfer mit vernünftigem Durchmesser erhältlich, die hinsichtlich der Befestigung und des Raumes keine Probleme aufwerfen, andererseits aber auch nicht die Leistung der großen Typen haben. Für Nebelscheinwerfer (Breitstrahler) gilt sinngemäß das gleiche. Der Preis von Halogen-Zusatzscheinwerfern liegt zwischen 35 und 75 Mark, je nach Fabrikat und Typ.

Weiterhin läßt sich das vorhandene Fern- und Abblendlicht durch den Einbau von sogenannten Halogeneinsätzen an Stelle der vorhandenen konventionellen Scheinwerfer verbessern. Halogeneinsätze für die Hauptscheinwerfer liefern die Firmen Hella, Cibié, Carello und Marchal.

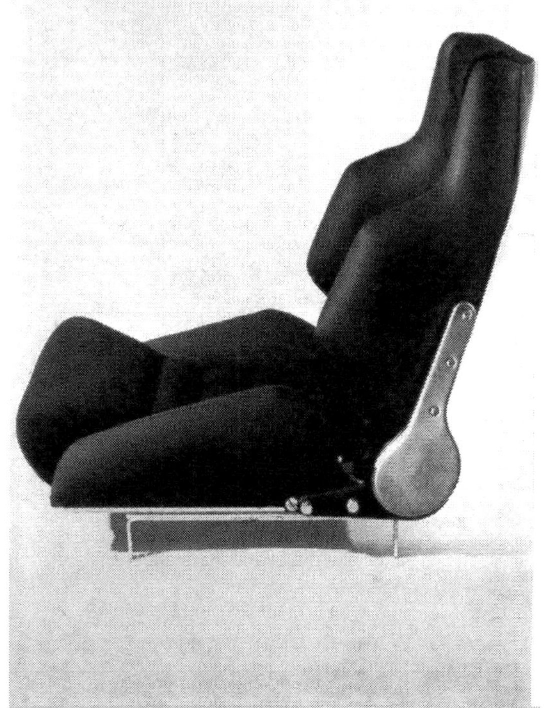

Scheel-Schalensitz (oben), Rallyesitz (unten).

Je größer der Scheinwerferdurchmesser, um so besser die Lichtausbeute. Auf Grund dieser Tatsache werden heute im Sport zunehmend sehr große Zusatzscheinwerfer benutzt, die im Normalbetrieb jedoch auch Nachteile (hohes Gewicht, hohes Beschädigungsrisiko) mit sich bringen. Mittlere Durchmesser sind – ohne allzu große Lichteinbußen – vorzuziehen.

Die serienmäßigen Tanks sind meist nicht allzu üppig ausgelegt. Aus diesem Grund gestatten die Sportgesetze für Wettbewerbe die Verwendung größerer Tanks, die bei den Tuningfirmen erhältlich sind. Folgende Tankinhalte sind maximal zulässig: 1100/1200 ccm: 80 Liter; 1600 ccm: 90 Liter; 2000 ccm: 100 Liter.

ZU GUTER LETZT – DER TÜV

In unserem Land muß alles seine Ordnung haben. Man kann nicht einfach mit einem Auto herumfahren, das plötzlich 10 PS mehr hat, oder womöglich mittels breiterer Felgen und Reifen eine bessere Straßenlage erhielt, ohne die Behörden davon in Kenntnis zu setzen. Auf gut Amtsdeutsch heißt es, daß jede bauliche Veränderung einer Abnahme (nach § 19 der StVZO) durch die zuständige Überwachungsbehörde bedarf und anschließend in die Kfz-Papiere eingetragen werden muß. Die Abnahme erfolgt durch den TÜV oder TÜA, dort werden die jeweiligen Änderungen auch in den Kfz-Brief eingetragen. Mit diesem Eintrag geht man dann zur zuständigen Zulassungsstelle (der TÜV kann beliebig gewählt werden), die den Eintrag in den Kfz-Schein vornimmt. Insgesamt, wie man zugeben muß, eine sehr umständliche und mühselige Prozedur, die außerdem noch durch das nicht immer vorhandene Entgegenkommen der jeweiligen Amtspersonen erschwert wird.
Man sollte diese Mühe deshalb nur dann auf sich nehmen, wenn eine bauliche Veränderung eindeutig vorliegt bzw. erkennbar ist. Bei offensichtlichen Änderungen (wie z. B. Zweivergaseranlagen usw.) ist die Vorlage eines Mustergutachtens notwendig. Die meisten Hersteller dieser Anlagen haben solche Gutachten anfertigen lassen. Besonders glatt geht eine Abnahme dann, wenn z. B. für einen kompletten Spezialmotor eine ABE (allgemeine Betriebserlaubnis) durch das Kraftfahrt-Bundesamt vorliegt. Dies ist jedoch sehr selten der Fall. Ansonsten wird eine Abnahme erleichtert, wenn eine, die jeweilige Veränderung betreffende, Unbedenklichkeitserklärung des Herstellerwerkes vorliegt.
Die Firma Opel hat für alle hier besprochenen Modelle umfangreiche Listen erstellt, welche Änderungen unter welchen Voraussetzungen statthaft sind. Diese Listen liegen bei den TÜV- bzw. TÜA-Prüfstellen vor. Bevor man sich also zu Änderungen entschließt, ist es zweckmäßig, die Liste für das betreffende Opel-Modell (Adresse: Adam Opel AG, 609 Rüsselsheim, Abt. Sportbetreuung) anzufordern. Wer sein Auto bei einem offiziellen Opel-Tuningbetrieb herrichten läßt, kann sich die Mühe der Abnahme ersparen. Gegen geringe Gebühr lassen die Tuningfirmen die technische Abnahme der jeweiligen Änderungen vom TÜV bzw. TÜA vornehmen, was in der Regel reibungslos vonstatten geht, da man über die notwendigen Erfahrungen und Unterlagen verfügt. Hat man sein Auto jedoch in Heimarbeit „unübersehbar“ verbessert, so ist eine Vorsprache beim zuständigen TÜV bzw. TÜA, oder bei einer als besonders sachkundig bekannten Prüfstelle unumgänglich.

NÜTZLICHE ADRESSEN

Albert & Co. Wörgl/Österreich	Nockenwellen
ALPINA 8938 Buchloe, Alpenstraße 37	Rennräder und Felgen, Lenkräder, Sitze, Scheinwerfer, Spezialzubehör
ASZ Auto-Sport-Zubehör GmbH 46 Dortmund, Steinstraße 51	Zubehör, Räder
ATE Alfred Teves GmbH 6 Frankfurt, Rebstöckerstraße 41–53	Bremsen, Bremsbeläge, Ventile
ATS GmbH 68 Mannheim 1, Postfach 172	Räder
BERU Verkaufsgesellschaft mbH 714 Ludwigsburg, Wernerstraße 35	Zündkerzen
Bilstein, August 5828 Ennepetal-Altenvoerde, Talbahnstraße	Stoßdämpfer
Boge GmbH 5208 Eitorf/Sieg, Bogestraße	Stoßdämpfer
Bosch GmbH 7141 Schwieberdingen, Robert-Bosch-Straße	Auto-Elektrik, Scheinwerfer, Zubehör
Carello Interconti Industriekontor GmbH 71 Heilbronn, Neckarsulmer Straße 36	Scheinwerfer
Cibie Rudolf Warme 6272 Niedernhausen, Idsteiner Straße 7	Scheinwerfer
Energit GmbH 7253 Renningen, Industriestraße	Bremsbeläge
Fichtel & Sachs AG 872 Schweinfurt, Ernst-Sachs-Straße 62	Kupplungen, Stoßdämpfer
Fram-Filter GmbH 6361 Beienheim, Framstraße	Filter
Glyco-Metall-Werke Daelen & Loos GmbH 62 Wiesbaden-Schierstein, Stielstraße 11	Lagerschalen

Hella Westf. Metall Industrie KG Hueck & Co. 478 Lippstadt, Lüningstraße	Scheinwerfer und Zubehör
Irmscher Tuning 7057 Winnenden, Waiblinger Straße	Opel-Tuning, Spezialzubehör, Wettbewerbswagen
Jetten Conversions Spoortstraat, Boxmeer, Holland	Opel-Tuning, Spezialzubehör
Knecht GmbH 7 Stuttgart- Bad Cannstatt, Haldenstraße 48	Filter
Kolben-Schmidt, Karl Schmidt GmbH 7101 Neckarsulm, Chr.-Schmidt-Straße 2	Kolben
Koni n. v. Langeweg 1, Oud-Beijerland, Holland Vertrieb in Deutschland: Steinmetz	Stoßdämpfer
Kronprinz AG 565 Solingen-Ohligs	Räder, Felgen
Lemmerz-Werke GmbH 533 Königswinter, Ladestraße	Räder, Felgen
Mahle KG 7 Stuttgart- Bad Cannstatt, Pragstraße 26–46	Kolben, Spezial-Kolben
Mann & Hummel GmbH 714 Ludwigsburg, Hindenburgstraße 37–43	Filter
Mille Miglia, Bern Becker 658 Idar-Oberstein 2, Pappelstraße 3	Ansaugtrichter
Moto Meter GmbH 725 Leonberg, Daimlerstraße 6	Instrumente, Kompressionsdruckprüfer, Synchrotest
Nöldecke GmbH 775 Konstanz, Theodor-Heuss-Straße 36	Weber-Vergaser
Rallye Bitter 5830 Schwelm, Hattinger Straße 5	Zubehör
Recaro GmbH & Co. 7 Stuttgart, Augustenstraße 82	Schalensitze, Sportsitze
Remotec 68 Mannheim-Käfertal, Bad Kreuznacher Straße	Leichtmetall-Räder
Scheel 7 Stuttgart- Untertürkheim, Nürburgstraße 9c	Schalensitze, Sportsitze

Scherdel KG 8590 Marktredwitz, Goethestraße 1	Ventilfedern
Schleicher 8 München 25, Boschetsrieder Str. 125	Nockenwellen
Schmitthelm 69 Heidelberg, Hans-Bunte-Straße 6	Ventilfedern, Radfedern
Steinmetz-Automobiltechnik GmbH 609 Rüsselsheim/M., Pommernstraße 8	Opel-Tuning, Spezialzubehör, Wettbewerbswagen, Koni-Stoßdämpfer
Solex Deutsche Vergaser-Ges. mbH & Co. 404 Neuß, Büdericher Straße 15	Vergaser
Textar GmbH 509 Leverkusen-Schlebusch, Jägerstraße 1–25	Bremsbeläge
VDO Tachometer Werke Adolf Schindling GmbH 6 Frankfurt W 13, Gräfstraße 103	Tachometer, Instrumente, Spezialzubehör, Speedpilot, Tripmaster

Das vorliegende Buch hilft Ihnen, Ihr Auto schneller, individueller zu machen. Sie lernen die Mechanik und das Innenleben Ihres Autos noch besser kennen. Sie fahren gut damit.

So wird er schneller **gibt es deshalb auch für Opel und in Kürze für viele andere Typen. Jeder Band zu DM 20,-.**

Bücher aus dem Motorbuch-Verlag erhalten Sie in allen Buchhandlungen, in den Buch- und Zubehörabteilungen der Kaufhäuser, bei den ADAC-Geschäftsstellen und im Zubehörhandel.

Und hier weitere spezielle Bücher für Sportfahrer, Rennwagen- und Rallye-Piloten:

Gert Hack: RALLYE-AUTOS
Tuning, Reglement, Ausrüstung. 144 Seiten, 77 Abbildungen, Leinen, DM 16,–

In diesem Werk erläutert Gert Hack das Spitzen-Tuning an Hand diverser Werkswagen von Porsche, Ford, BMW, BLMC und anderer mehr.

Clauspeter Becker:
HANDBUCH FÜR SPORTFAHRER
Sportarten, -gesetze, -förderung, -fahrzeuge. 260 Seiten, 52 Abbildungen, DM 24,–

Ein Grundlagenwerk, das jedem ernsthaft interessierten Sportfahrer das notwendige Rüstzeug umfassend vermittelt.

Gert Hack: AUTOS SCHNELLER MACHEN.
Automobil-Tuning in Theorie und Praxis. 436 Seiten, 236 Fotos, Zeichnungen, Diagramme, Maß- und Einstelldaten, Leinen, DM 36,–

Dieses Grundlagenwerk des gesamten Automobil-Tunings sollte jeder zu Rate ziehen, der sein Auto selbst schneller machen will.

Herbert Völker: DAS HEISSE LENKRAD
Die besten Rallye-Stories aus vier Kontinenten. 190 Seiten, 50 Abbildungen, Anhang mit den Ergebnissen der wichtigsten Rallyes der letzten fünf Jahre, Leinen, DM 18,–

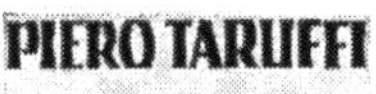

Udo K. Lankers: DER 2. MANN IM RALLYE-AUTO
Das Handbuch für den Beifahrer.
192 Seiten, 80 Abb., Leinen, DM 24,–

Udo Lankers gibt hier dem ernsthaft interessierten Copiloten ein Grundlagenwerk in die Hand, das ihm das notwendige Rüstzeug umfassend vermittelt.

Joachim Springer: RALLYE-SPORT
Fahrkunst – Technik – Routine. 208 Seiten, 50 Fotos, Leinen, DM 22,–

Joachim Springer gehört zu den erfolgreichsten Motorsportlern. Hier vermittelt er seine vielfältigen Tricks und Kniffe aus der Praxis.

Piero Taruffi:
STIL UND TECHNIK DES RENNFAHRERS
128 Seiten, 67 Abb., Leinen, DM 24,–

Taruffi, erfolgreicher Grand-Prix-Pilot, erläutert ausführlich, sachlich und leicht verständlich die Technik des Rennfahrers

Baghetti/Barbieri:
BERUF: RENNFAHRER
Vom sportlichen Fahrer zum Meister im Cockpit. 256 Seiten, 460 Abb., Leinen, DM 32,–

Der Autor, einst italienischer Grand-Prix-Pilot, beschreibt hier den Weg zum Meister im Volant.

Zeitfracht Medien GmbH
Ferdinand-Jühlke-Straße 7
99095 Erfurt, Deutschland
produktsicherheit@kolibri360.de